IMPRESS NextPublishing 技術の泉シリーズ

クラウドオブジェクトストレージサービスの使い方

高橋 秀一郎 著

クラウドストレージを活用する！

インプレス

技術の泉 SERIES

目次

前書き 5
免責事項 5
本書の読み方 5

第1章　オブジェクトストレージサービスとは 7
  1.1　ファイルの保管 7
  1.2　ストレージのクラス 8
  1.3　冗長性 9
  1.4　アクセス権限 9
  1.5　世代管理 9
  1.6　ライフサイクル管理 10

第2章　AWSの特徴 11
  2.1　シェア率No.1 11
  2.2　課金設定・アカウント 11
  2.3　AWSの操作方法 12
  2.4　AWSのオブジェクトストレージサービス 13
  2.5　無料の範囲 16

第3章　AWS:S3の基本的な使い方 17
  3.1　バケットの作成 17
  3.2　CUIでの操作 20
  3.3　オブジェクトの操作 22
  3.4　APIでの操作 27

第4章　AWS:アクセス制御 29
  4.1　アクセス制御方法の種類 29
  4.2　バケットポリシーによる制御とIAMユーザポリシーによる制御 ... 30
  4.3　バケットポリシーによるアクセス制御の設定方法 30
  4.4　IAM制御によるアクセス制御の設定方法 39

第5章　AWS:世代管理 48
  5.1　設定の仕方 48
  5.2　世代管理したオブジェクトの操作方法 50

第6章　AWS:ライフサイクル管理 ·· 56
　6.1　ライフサイクルルール ·· 56
　6.2　Webコンソールで設定する方法 ·· 58
　6.3　CUIで設定する方法 ··· 60
　6.4　世代管理と合わせて使用する ·· 63

第7章　Azureの特徴 ··· 65
　7.1　マイクロソフト製品との連携 ·· 65
　7.2　サブスクリプション・アカウント ··· 65
　7.3　Azureの操作方法 ·· 66
　7.4　Azureのオブジェクトストレージサービス ····································· 67
　7.5　無料の範囲 ··· 70

第8章　Azure:Azure Blob Storageの基本的な使い方 ·································· 71
　8.1　ストレージアカウントの作成 ·· 71
　8.2　CLIでの操作 ··· 74
　8.3　コンテナーの作成 ··· 76
　8.4　オブジェクトの操作 ·· 78
　8.5　その他の操作方法 ··· 83

第9章　Azure:アクセス制御 ··· 85
　9.1　アクセス制御方法の種類 ··· 85
　9.2　Azure ADを使った制御の設定方法 ·· 85

第10章　Azure:世代管理 ··· 94
　10.1　設定の仕方 ··· 94
　10.2　世代管理したオブジェクトの操作方法 ··· 96

第11章　Azure:ライフサイクル管理 ·· 103
　11.1　ライフサイクル管理ポリシー ··· 103
　11.2　Webコンソールで設定する方法 ·· 104
　11.3　CLIで設定する方法 ·· 107

第12章　Google Cloudの特徴 ·· 111
　12.1　課金設定 ·· 111
　12.2　プロジェクトについて ·· 112
　12.3　Google Cloudのオブジェクトストレージサービス ···························· 113
　12.4　無料の範囲 ··· 115

目次　3

第13章　Google Cloud:GCSの基本的な使い方 ……………………………………… 116
　13.1　バケットの作成 ……………………………………………………………… 116
　13.2　CUIでの操作 ………………………………………………………………… 120
　13.3　オブジェクトの操作 ………………………………………………………… 121
　13.4　APIでの操作 ………………………………………………………………… 128

第14章　Google Cloud:アクセス制御 ……………………………………………… 130
　14.1　ACLによる制御 ……………………………………………………………… 130
　14.2　設定の仕方 …………………………………………………………………… 132

第15章　Google Cloud:世代管理 …………………………………………………… 138
　15.1　設定の仕方 …………………………………………………………………… 138
　15.2　世代管理したオブジェクトの操作方法 …………………………………… 140

第16章　Google Cloud:ライフサイクル管理 ……………………………………… 148
　16.1　ルール ………………………………………………………………………… 148
　16.2　設定の仕方 …………………………………………………………………… 152
　16.3　世代管理とあわせて使用する ……………………………………………… 159

あとがき ………………………………………………………………………………… 161

前書き

　本書を手にお取りいただきまして、ありがとうございます。本書はAWS・Azure・Google Cloudのオブジェクトストレージサービスを解説する書籍になります。オブジェクトストレージサービスは様々な機能があることが知られていますが、実際には誰かが設定したものを使うことが多いかと思います。もしくは、別のサービスを使用する際に間接的に使用されていたりします。

　しかし、世の中は常に変化していくのでバックアップ要件の変更や、クラウド料金の見直しを行う際、設定を変更する必要があります。本書は、そんなときに備える本になります。

　本書ではクラウド別・機能別の解説から、実際の設定の仕方を丁寧に解説しています。実際の操作イメージが湧きやすいように、ハンズオン的に解説をしております。本書を読むことで、なんとなくオブジェクトストレージを使った気になります。また、クラウド別の違いを体感できるよう、なるべく章の構成を同じになるように工夫しています。「AWSではこうだったけど、Azureではどんな感じだろう」といった読み方もできるようになっているので、オブジェクトストレージサービスを少し触ったことがある方にもお勧めです。

　公式ドキュメントよりも親切な解説を心がけています。公式ドキュメントに挫折した方の手助けになれば幸いです。

免責事項

　本書に記載された内容は、情報の提供のみを目的としています。したがって、本書を用いた開発、製作、運用は、必ずご自身の責任と判断によって行ってください。これらの情報による開発、製作、運用の結果について、著者はいかなる責任も負いません。

　本書の内容は2023年10月時点の情報をまとめています。

本書の読み方

　本書はAWS・Azure・Google Cloudの情報をまとめて記述してあります。章タイトルの先頭についている接頭語で、どのクラウドについて記述されているかがわかるようにしています。

　また、各章にはハンズオンで実際にお試しいただける形での解説をしております。実際にサービスを使って動かすと費用が発生しますが、各クラウドの費用は100円以下になるようになっているので、安心してお試しください。

第1章　オブジェクトストレージサービスとは

　オブジェクトストレージサービスには、様々な使い方があります。どんな機能があるかをここでは紹介します。各クラウド固有の話ではなく、全体的な概念的な話として解説します。各節の項目を御覧いただき、ご存じの方は読み飛ばしてください。

1.1　ファイルの保管

　オブジェクトストレージには、ファイルを保管する機能があります。ディレクトリーのように階層構造で保管することもできます。ファイルとディレクトリーの呼び方は各クラウドサービスで異なるので、後ろの章で解説します。

図1.1: ファイルやディレクトリーの名称

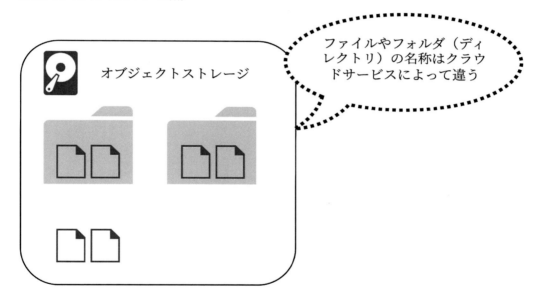

　便利なサービスのように思えますが、ファイルのアクセスには時間がかかるので、リアルタイムで読み書きが必要なものではなく、あまり使わないが長期間保管が必要なファイルに対して使用されることが多いです。

1.1.1　保管の費用

　オブジェクトストレージの費用は、保管しているファイルの容量×時間、ネットワークの使用量、およびファイルの削除・読み取り・書き込み×回数で費用が決まります。ネットワーク使用量はファイルを保管する際は費用がかかりませんが、オブジェクトストレージからファイルを取り出す際に

費用がかかります。

図1.2: オブジェクトストレージサービスの費用

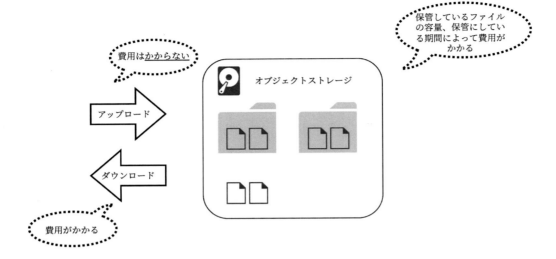

1.2 ストレージのクラス

ファイルを保管する際のクラスを選択することができます。クラス（またはアクセス層）とはオブジェクトストレージの性能のようなもので、読み書きが早く費用が高いクラス、読み取りが遅いが費用が安いクラスなどがあります。保管するファイルの特性を鑑みて、使用するクラスを決定します。

図1.3: オブジェクトストレージサービスのクラス

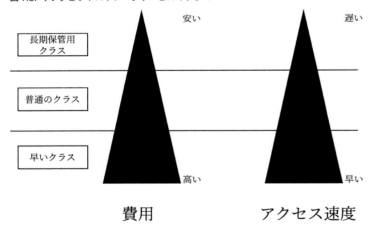

1.3 冗長性

オブジェクトストレージサービスは、リージョンやゾーンをまたいで保管することができます。サービス使用時に指定するだけで、意識することなく冗長性が確保されています。物騒な話ですが、ひとつの国が壊滅するような大規模な災害があっても、保管が必要なファイルの場合はリージョンで冗長性を確保します。ひとつの都市が壊滅するような災害を想定する場合は、ゾーンで冗長性を確保します。

1.4 アクセス権限

オブジェクトストレージサービスでは、格納されているファイルのアクセス権限を付与することができます。特定のユーザには読み取り専用、特定のユーザはアクセスさせないといった使い方ができます。

1.5 世代管理

オブジェクトストレージサービスでは、ファイルの過去のバージョンを保持する世代管理を機能があります。「3世代前のファイルを保持したい」といった要件を満たすために使います。

図1.4: 世代管理

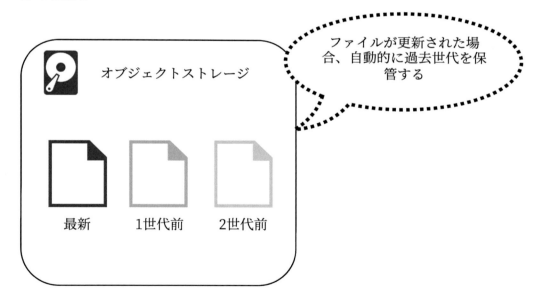

1.5.1 世代管理の使い方

世代管理は主に、バックアップの観点で使います。たとえば、他のシステムと連携するための授受するファイルのバックアップです。毎日ファイルを授受するとして、バックアップの要件が7世

代だったとします。世代管理を使わないと、「ファイル名を変更してバックアップを取得し、8世代前のファイルは削除する」といった機能が必要になります。世代管理を使用すると、こうしたバックアップ処理が単純に実装できます。システムのバックアップや、DBのバックアップも同様に使うことができます。

また、誤操作のリカバリ用としても使用できます。誤ってファイルを削除・変更してしまった場合でも、世代管理を使っていればすぐに復元ができます。

1.6　ライフサイクル管理

オブジェクトストレージサービスでは、ファイルのライフサイクルの管理が行えます。ファイルが作成されてから一定期間以上経過したファイルを自動で削除することができます。世代管理と併用して無限に過去世代が作成されないようにすることができます。

第2章　AWSの特徴

この章からはAmazon Web Service（以下、AWS）のオブジェクトストレージサービスの解説をします。はじめに、AWSの特徴を簡単に説明します。すでにAWSをお使いの方はご存知の方も多いかと思うので、必要に応じて読み飛ばしてください。

2.1　シェア率No.1

AWSの一番の特徴は圧倒的なシェア率です。企業がインフラとして使用するクラウドサービスのうち、金額ベースで34%がAWSを利用しています（SynergyResearchGroup調べ[1]）。これはクラウドサービスのシェア率として、世界No.1になります。

2.1.1　情報量の多さ

圧倒的なシェア率に比例してなのか、AWSの技術情報は簡単に得ることができます。ブログ上に公開されている情報や書籍が非常に充実しています。日本語での情報も充実しており、β版の機能や新規に追加された機能じゃない限り、検索すれば先人達の解決策を知ることができます。

2.2　課金設定・アカウント

AWSはアカウント作成時にクレジットカードを登録する必要があります。そのため課金設定は必要なく、AWSの使用料は作成時に登録したクレジットカードから引き落とされます。

2.2.1　ルートアカウント

最初に作成したアカウントはルートアカウントと呼ばれ、全てを実行できる権限を持っています。権限が強すぎるため、アカウントを乗っ取られた場合に全てを乗っ取られてしまいます。たとえば、乗っ取られたアカウントで高スペックのサーバーを立ち上げて、仮想通貨のマイニングをされた場合を考えてみてください。乗っ取った人は仮想通貨が手に入り、あなたのクレジットカードにはサーバーを立ち上げた分の請求が発生します。

これを避けるためには、AWSのIdentity and Access Management（以下、IAM）を使い別のアカウントを作成して、必要な権限を与えて使うことを推奨します。しかし、IAMの権限設定は複雑でわかりづらい部分があると思いますので、難しいと感じられる方は二要素認証（MFAとも呼ばれる）を設定しましょう。ルートアカウントでログインする際に、スマートフォン等にインストールしてあるアプリケーションに表示される6桁の数値を入力することで、本人であることを証明する仕組みです。

1.https://www.srgresearch.com/articles/q2-cloud-market-grows-by-29-despite-strong-currency-headwinds-amazon-increases-its-share

少し前は電話番号などにSMSを通知する方式が使われておりましたが、現在ではこの方式を終了させる予定であることがAWSより明言されています。

2.3 AWSの操作方法

AWSの操作方法はいくつかあります。本書では以下のふたつを使い解説します。

2.3.1 Webコンソールでの操作

Webコンソールにログインし、操作をする方法です。ブラウザーで操作することができるので、手軽に操作できます。AWSではウィザードが豊富にあり、質問に回答していくだけでサービスの設定が行えます。

次の図のように、左側のサービスメニューから簡単にAWSのサービスへアクセスできます。サービスメニューはカテゴリーごとに分類されており、サービスの名称がわからなくても問題ないようになっています。

図2.1: Webコンソールのサービスメニュー

ひとつ注意が必要なのが、リージョンです。リージョンとは、AWSが管理するサービスが物理的に置かれているデータセンターの場所で、東京や大阪といった大きな都市があります。

Webコンソール上では、指定したリージョンのサービスしか確認できません。よく、「以前作ったはずのサービス（のインスタンス）が消えた」ということがありますが、これは指定してるリージョンが異なるために起きる現象です。作成したサービスが見当たらない場合は、右上のリージョンを以前にサービスを作成したリージョンに変えてみてください。

図 2.2: リージョンの指定

2.3.2 CUIでの操作

　AWSでは、Webコンソールの他にCUIで操作することもできます。CUIとは"Character(-based) User Interface"の略で、文字通り文字（キャラクタ）で操作をするインターフェースになります。コマンドラインで操作を行うので、CLI（Command Line Interface）と呼ばれるともあります。CUIを使うと同じ設定で異なる名前のサービスを作るとき等、便利なことがあります。コマンドラインに抵抗がある方は、Webコンソールでの操作をお勧めします。

2.4　AWSのオブジェクトストレージサービス

　AWSのオブジェクトストレージサービスは、Simple Storage Serviceという名称で提供されています。サービスの頭文字をとって「S3」と呼ばれています。本書でもS3という名称を使います。
　S3は99.999999999%という高耐久性を備えており、AWSの障害によるファイルの喪失を考える必要がないレベルです。サービスの費用は、ファイルのサイズと使用するクラスによって決まります。S3のクラスについては、次の節で解説します。
　少し話題は変わってしまいますが、ぜひとも略さないサービスの名称も覚えておいてください。「あれ、S3ってどんなサービスだっけ？」と忘れてしまっても、正式名称を覚えていればどんなサー

ビスか思い出せるはずです。

2.4.1 S3のクラス

S3では、保管するファイルのアクセス頻度や使い方によって、いくつか選択可能な「クラス」と呼ばれる場所のようなものが用意されています。それぞれのクラスで性能や費用が変わるので、要件に合わせて選択します。

各クラスの特徴を以下にまとめます。

「ゾーンの数」はファイルが保存されるアベイラビリティゾーンの数です。アベイラビリティゾーンは電源・ネットワーク・機器が独立した場所のことで、同じリージョンにはあるが、別の建物と覚えておいてもらえれば大丈夫です。

「取り戻し料金」はファイルにアクセスする場合、アクセスする費用の他に発生する費用の有無です。ファイルにアクセスするのに、少し費用が多めにかかるくらいの理解で大丈夫です。

「最小ストレージ期間料金」は、このクラスにファイルを保管した場合にかかる最低限の料金のことです。90日だった場合、7日間このストレージにファイルを保管した後、削除しても90日分の費用が発生することになります。払わなければならない費用の最小の日数ということです。

表2.1: S3のクラスの種類

クラスの名称	ゾーンの数	取り戻し料金	最小ストレージ期間料金
標準	3以上	なし	なし
標準 – 低頻度アクセス	3以上	あり	30日間
Intelligent-Tiering	3以上	なし	なし
1ゾーン – IA	1	あり	30日間
Glacier Instant Retrieval	3以上	あり	90日間
Glacier Flexible Retrieval	3以上	あり	90日間
Glacier Deep Archive	3以上	あり	180日間

2.4.1.1 標準

アクセス頻度の高いファイルを置いておくためのクラスです。複数のゾーンをまたいでファイルは保管されるので、ファイルが失われる可能性がほぼありません。AWSのコンソール上では「スタンダード」と表記されることもありますので、ご注意ください。

他のクラスにも共通することですが、ゾーンの数が2以上になっているものはファイルが複数ゾーンに保管されているので、ファイルが失われる可能性はほとんどありません。可用性も99.99%が保証されています。

2.4.1.2 標準 – 低頻度アクセス

アクセス頻度が1か月に1度以下のファイルを置いておくためのクラスです。ファイルを保管する料金は安くなりますが、ファイルにアクセスする際（ファイルを取り出す際）にも料金がかかるので注意してください。

2.4.1.3　Intelligent-Tiering

アクセス頻度がわからないファイルを置いておくためのクラスです。AWSがアクセス頻度をモニタリングして、適切なクラスにファイルを自動で割り当ててくれます。新しく作成したシステムで、ファイルへのアクセス頻度がわからないときに使用します。少額ですが、追加の料金がかかります。

2.4.1.4　1ゾーン − IA

上記「標準 − 低頻度アクセス」の 1ゾーンに保管されるクラスです。ひとつのゾーンにしか保管されないので、保管されているゾーンに何かあった場合ファイルは失われます。その分、保管する料金は安くなります。失われても、別の方法で作成できるファイルを置いておくのに使用します。

2.4.1.5　Glacier Instant Retrieval

アクセス頻度が3か月に一度以下のファイルを置いておくためのクラスです。Glacierシリーズでは一番アクセス速度が速いクラスになっていて、ほとんど使わないが、使うときはすぐに使いたいファイルを保管するのに使用します。

2.4.1.6　Glacier Flexible Retrieval

アクセス頻度が3か月に一度以下のファイルを置いておくためのクラスです。上記クラスとの違いは、ファイルにアクセスするのに数時間かかるという点です。ほとんど使わないし、使うときも急ぎではないファイルを保管するのに使用します。

2.4.1.7　Glacier Deep Archive

アクセス頻度が6か月に一度以下のファイルを置いておくためのクラスです。Glacierシリーズで一番料金が安いですが、ファイルにアクセスするのに12時間かかることがあるので、保管するファイルの要件に注意が必要です。

2.4.2　ファイルやディレクトリーの名称

S3では保管するファイルのことを「オブジェクト」と呼称します。階層化のためのディレクトリーは「フォルダ」と呼称します。本書でも、これ以降はオブジェクトとフォルダという表現を使用します。

2.4.3　バケット

フォルダやオブジェクトは「バケット」と呼ばれるリソースの中に作成する必要があります。バケットはオブジェクトを保管するリージョンを指定する必要があります。バケットの名称は、世界中のS3の中で**一意**である必要があります[2]。つまり、他の人が使っているバケット名は使用できないということです。

また、バケットの名称に使える文字の制限があります。アンダーバーが使えなかったり、ピリオドはふたつ以上連続することができません。AWSで予約されている文字列も使えないので、こちら

---

2. ただし、米国政府リージョンと中国リージョンは別の管理になります。

第2章　AWSの特徴　│　15

[3]のサイトでご確認ください。

2.4.4　オブジェクトの保管場所と冗長化

　オブジェクトはバケットを作成するときに指定したリージョンに保管されます。冗長性はオブジェクトを保管するクラスに依存します。ゾーンが3以上のクラスは、複数ゾーンにオブジェクトが保管され冗長性が確保されます。リージョンをまたいだ冗長性を確保したい場合は、「S3 バッチレプリケーション」というバッチ処理を行うサービスを利用して同期処理を作成します。

2.5　無料の範囲

　S3 には無料の枠はありません。アカウント作成後 12 か月までは、5G バイトまでのオブジェクトを標準クラスでの保管する場合は無料になります。なお、本書で扱う操作は課金が発生しますが、全ての操作を実行していただいても月 10 円以下の操作になるようにしています。

3.https://docs.aws.amazon.com/AmazonS3/latest/userguide/bucketnamingrules.html

第3章　AWS:S3の基本的な使い方

　この章ではS3の基本的な使い方を解説します。実際に使うイメージが湧きやすいよう、スクリーンショットを多めにしています。Webコンソールで操作する方法と、CUIを使用して操作する2種類の方法を解説します。

3.1　バケットの作成

　まずはWebコンソールを使用する方法から解説します。はじめに、S3の一番基礎となるバケットを作成します。Webコンソールを開き、サービスメニューからカテゴリー「ストレージ」を選択します。その中にS3があるので、クリックします。

図3.1: S3の選択

S3のコンソールが開きました。

3.1.1　バケットに名前をつける・リージョンの選択

　S3のコンソールでは、バケットメニューがデフォルトになっています。ここで「バケットを作成」をクリックするとウィザードが開き、S3を作成することができます。

　ウィザードが開いたら、まずはバケットに名前をつけます。前章でも述べましたが、世界中で一意の名前であることが必要なので、1単語のみのバケット名はほぼほぼ使えないと思ってください。

図3.2: バケットの名前

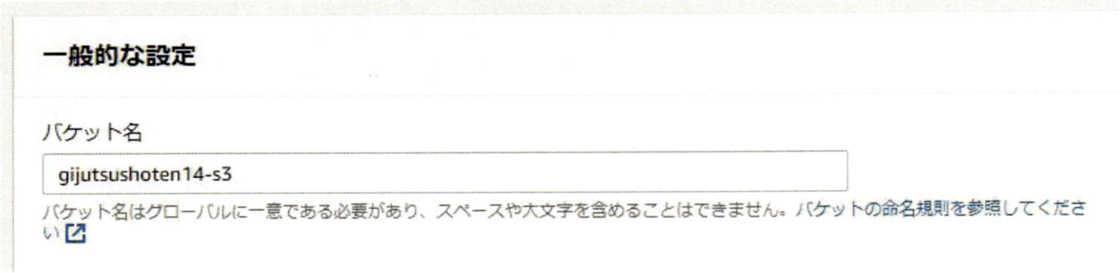

一般的な設定

バケット名

```
gijutsushoten14-s3
```

バケット名はグローバルに一意である必要があり、スペースや大文字を含めることはできません。バケットの命名規則を参照してください 🗗

　次に、オブジェクトを保管するリージョンを選択します。リージョンは後から変更できないので、注意してください。

図3.3: リージョンの選択

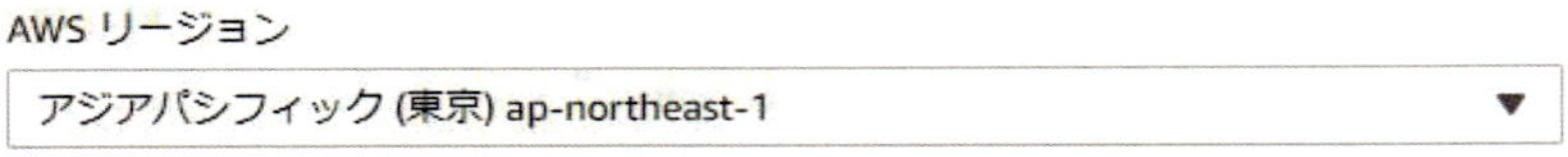

AWS リージョン

アジアパシフィック (東京) ap-northeast-1　▼

3.1.2　オブジェクト所有者

　次に、オブジェクトの所有者をどうするかを選択します。オブジェクト所有者は所有しているオブジェクトのアクセス権限を決めることができます。ここでの選択肢は、オブジェクト所有者を誰に付与するか、という選択肢になります。「ACL無効」を選択した場合は、バケットを作成したアカウントがバケット配下にある全てのオブジェクトのオブジェクト所有者になります。「ACL有効」を選んだ場合は、オブジェクト所有者はオブジェクトを作成したアカウントになります。

　ACLとはアクセスコントロールリストのことで、第4章「AWS:アクセス制御」で詳細を説明します。バケット配下に別のアカウントが作成したオブジェクトに対して、アクセスコントロールを別のアカウントに行わせたいか、一律バケットで管理するのかを決めることになります。ACLによる制御は事実上非推奨なので、特別な理由がない限り使わないようにしましょう。

　本書では、「ACL無効」を選択します。

図 3.4: オブジェクト所有者

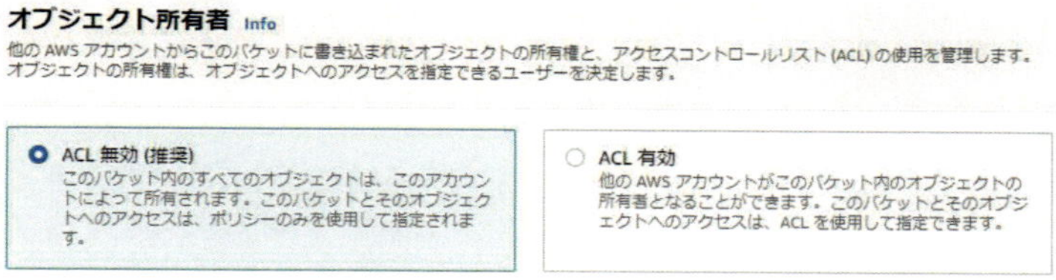

オブジェクト所有者 Info
他の AWS アカウントからこのバケットに書き込まれたオブジェクトの所有権と、アクセスコントロールリスト (ACL) の使用を管理します。
オブジェクトの所有権は、オブジェクトへのアクセスを指定できるユーザーを決定します。

- ◉ ACL 無効 (推奨)
  このバケット内のすべてのオブジェクトは、このアカウントによって所有されます。このバケットとそのオブジェクトへのアクセスは、ポリシーのみを使用して指定されます。

- ○ ACL 有効
  他の AWS アカウントがこのバケット内のオブジェクトの所有者となることができます。このバケットとそのオブジェクトへのアクセスは、ACL を使用して指定できます。

3.1.3　パブリックアクセス設定

パブリックアクセスをブロックするかどうかの設定をします。パブリックアクセスは文字通り、誰でもオブジェクトに対するアクセス権限を持つ状態のことをいいます。本書では詳細の説明はしませんが、大きなファイルを URL を知っている相手と共有してダウロードするのに S3 を使用する場合には、パブリックアクセスが必要です。

ここでは、パブリックアクセスを誰が許可するかのブロック設定を行います。

本書では、「パブリックアクセスをすべて ブロック」に設定します。

図 3.5: パブリックアクセス設定

このバケットのブロックパブリックアクセス設定

パブリックアクセスは、アクセスコントロールリスト (ACL、Access Control List)、バケットポリシー、アクセスポイントポリシー、またはそのすべてを介してバケットとオブジェクトに許可されます。このバケットとそのオブジェクトへの公開アクセスが確実にブロックされるようにするには、[パブリックアクセスをすべてブロック] を有効にします。これらの設定はこのバケットとそのアクセスポイントにのみ適用されます。AWS では [パブリックアクセスをすべてブロック] を有効にすることをお勧めしますが、これらの設定を適用する前に、アプリケーションが公開アクセスなしで正しく機能することをご確認ください。このバケットやオブジェクトへのある程度の公開アクセスが必要な場合は、各ストレージユースケースに合わせて以下にある個々の設定をカスタマイズできます。詳細 🔗

☑ **パブリックアクセスをすべて ブロック**
この設定をオンにすることは、以下の 4 つの設定をすべてオンにすることと同じです。次の各設定は互いに独立しています。

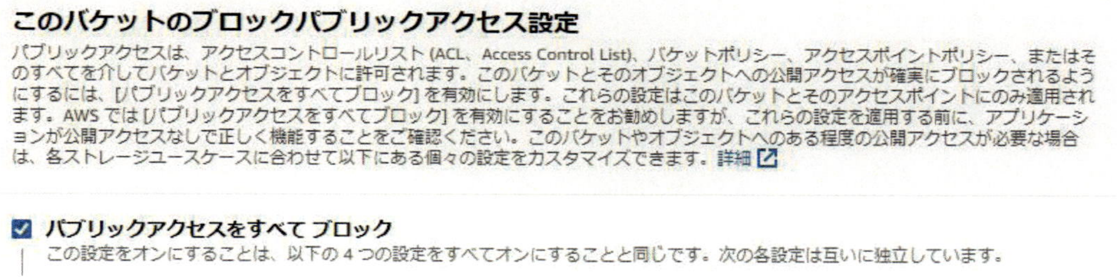

3.1.4　バケットのバージョニング

世代管理の設定です。世代管理については、第 5 章「AWS:世代管理」で詳細を説明します。ここでは、「無効にする」に設定します。

図 3.6: バージョニング設定

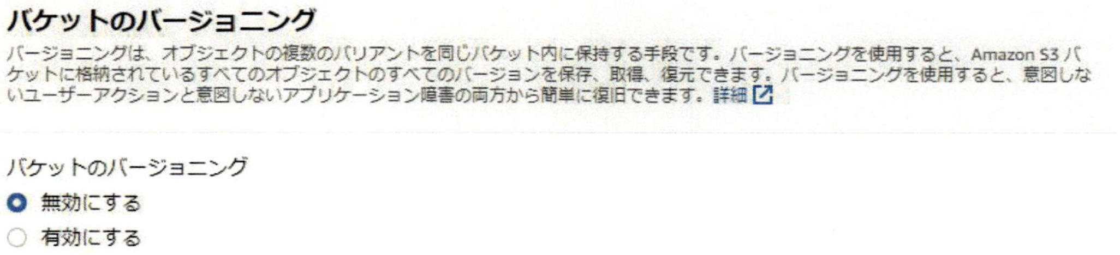

バケットのバージョニング

バージョニングは、オブジェクトの複数のバリアントを同じバケット内に保持する手段です。バージョニングを使用すると、Amazon S3 バケットに格納されているすべてのオブジェクトのすべてのバージョンを保存、取得、復元できます。バージョニングを使用すると、意図しないユーザーアクションと意図しないアプリケーション障害の両方から簡単に復旧できます。詳細 🔗

バケットのバージョニング
- ◉ 無効にする
- ○ 有効にする

3.1.5 デフォルトの暗号化

オブジェクトを暗号化する方法（正確には暗号化するためのキーをどうするのか）を選択します。「Amazon S3 マネージドキー」は、S3が暗号化キーを管理する方法です。意識することなく、AWS が管理するキーを使って暗号化を行います。

「AWS Key Management Service キー」は、AWSのキーを管理する別のサービス、Key Management Service（以下、KMS）を使用して暗号化を行います。キーの有効期限の設定など、細かい設定が行えます。その分、サービス利用料が高くなります。KMSを使用する場合、「バケットキー」を有効にするとS3がKMSから取り出したキーを一時的に保管して、オブジェクトの暗号化を行います。これにより、KMSのコストを削減することができます。

図3.7: デフォルトの暗号化

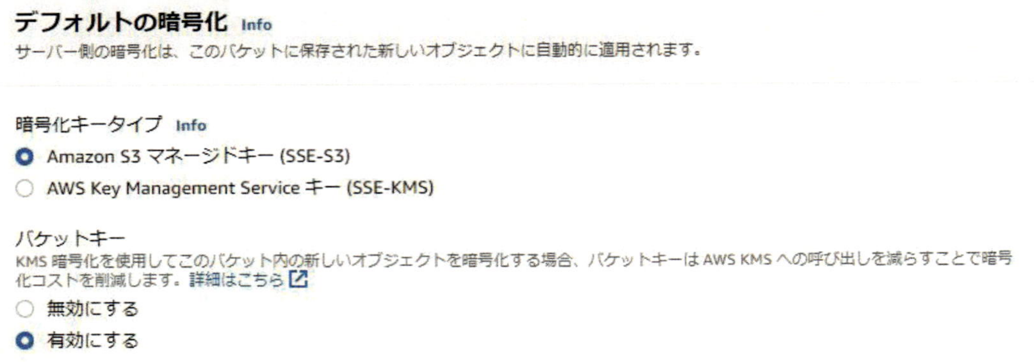

デフォルトの暗号化 Info
サーバー側の暗号化は、このバケットに保存された新しいオブジェクトに自動的に適用されます。

暗号化キータイプ Info
- ● Amazon S3 マネージドキー (SSE-S3)
- ○ AWS Key Management Service キー (SSE-KMS)

バケットキー
KMS暗号化を使用してこのバケット内の新しいオブジェクトを暗号化する場合、バケットキーは AWS KMS への呼び出しを減らすことで暗号化コストを削減します。詳細はこちら
- ○ 無効にする
- ● 有効にする

3.2 CUIでの操作

先ほどはWebコンソールで操作をしました。S3はCUIで操作することができます。AWSのサービスを使うための「aws」というコマンドで、S3が操作できます。awsコマンドは各種OSにインストールできます。awsコマンドはインストール後、認証を行うことでS3の操作が行えるようになります。

本書では、すでにawsコマンドがインストールされ、認証が終わっている AWS CloudShell を使用して解説します。

3.2.1 AWS CloudShell とは

AWS CloudShell（以下、CloudShell）はawsコマンドがすでにインストールされていて、認証が終わった状態ですぐに使える Linux の環境です。ブラウザーで使うことができ、気軽にawsコマンドが使えます。基本的な Linux のコマンドが用意されていて、ちょっとしたコマンドを使用したいときにも使用できます。本書でのCUI操作は、CloudShell を使うことを前提として解説しています。

CloudShell は、AWSのWebコンソールの左下の「CloudShell」というボタンをクリックすると起動します。少し小さいので注意してください。

20 | 第3章 AWS:S3の基本的な使い方

図 3.8: CloudShell ボタン

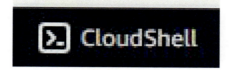

クリックすると、Web コンソールの下の方に CloudShell が起動します。

図 3.9: 起動後の CloudShell

　ファイルはホームディレクトリー配下に 1G まで保管されます。CloudShell を使わなくなってから、120 日経過するとファイルは削除されます。削除したくないファイルがある場合は、CloudShellを 120 日以内に起動するようにしてください。CloudShell は無料で使用できますが、ファイルの転送に関しては料金が発生します。

3.2.2　バケットを作る

　aws コマンドを使用して、バケットを作成します。S3 を操作するには、aws コマンドの後ろにサブコマンドの「s3」を指定します。操作の種類に応じて、さらなるサブコマンドを使用することで操作ができます。バケットを作るには、「mb」コマンドを使用します。オプションは「--（ハイフン）」をつけて指定します。

　文字で説明するよりも、実際のコマンドを見ていただくのが早いです。先ほど Web コンソールで作成したバケットと同様のものを作るコマンドは、以下の通りになります。

```
$ aws s3 mb s3://gijutsushoten14-s3 --region ap-northeast-1
make_bucket: gijutsushoten14-s3
```

　バケット名は、「s3://」の後ろにつけて指定する必要があります。CUI ではバケットにアクセスする際に、バケット名の前に「s3://」をつける必要があります。

3.2.2.1　コンソールとの違い

　先ほどのコマンドでバケットの作成はできますが、Web コンソールでウィザードを使ったバケットとは違いがあります。ウィザードではパブリックアクセスのブロックの設定ができましたが、aws s3 mbコマンドでは設定できません。サブコマンドのs3の代わりに、s3apiのサブコマンドを使うと、設定が行えます。

3.3 オブジェクトの操作

バケットの作成ができたので、ここからは実際のオブジェクトの操作について解説します。

3.3.1 Webコンソールでの操作

まずはWebコンソールでの操作です。Webコンソールでは、ファイルのアップロード・削除等の操作が簡単に行えます。バケットを操作する専用のコンソールが用意されているので、はじめにバケットのコンソールを開きます。

S3のコンソールで、作成したバケット名をクリックするとバケットを操作するコンソールが開きます。このコンソール上で操作を行います。

図3.10: バケットのコンソール

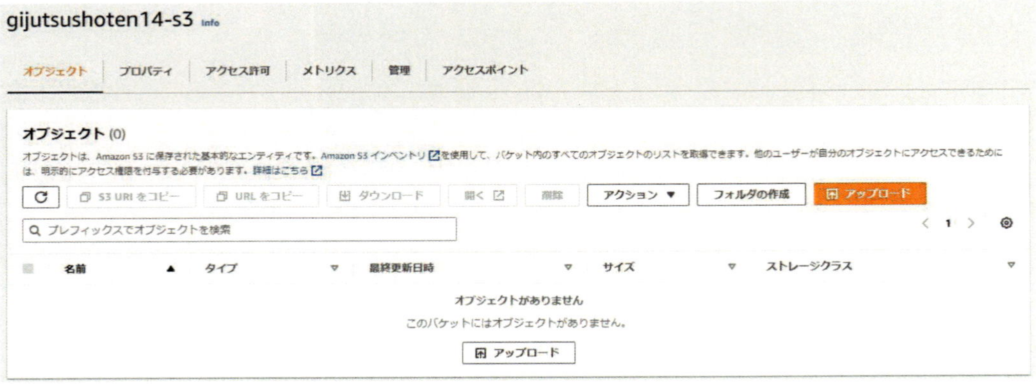

3.3.1.1 オブジェクトの作成（アップロード）

アップロードしたいファイルをコンソールにドラッグアンドドロップすると、設定画面が開きます。この画面では、オブジェクトを保管するクラスや暗号化の設定をすることができます。最後に「アップロード」を押すとファイルがアップロードされ、オブジェクトが作成されます。

図3.11: オブジェクトの設定画面

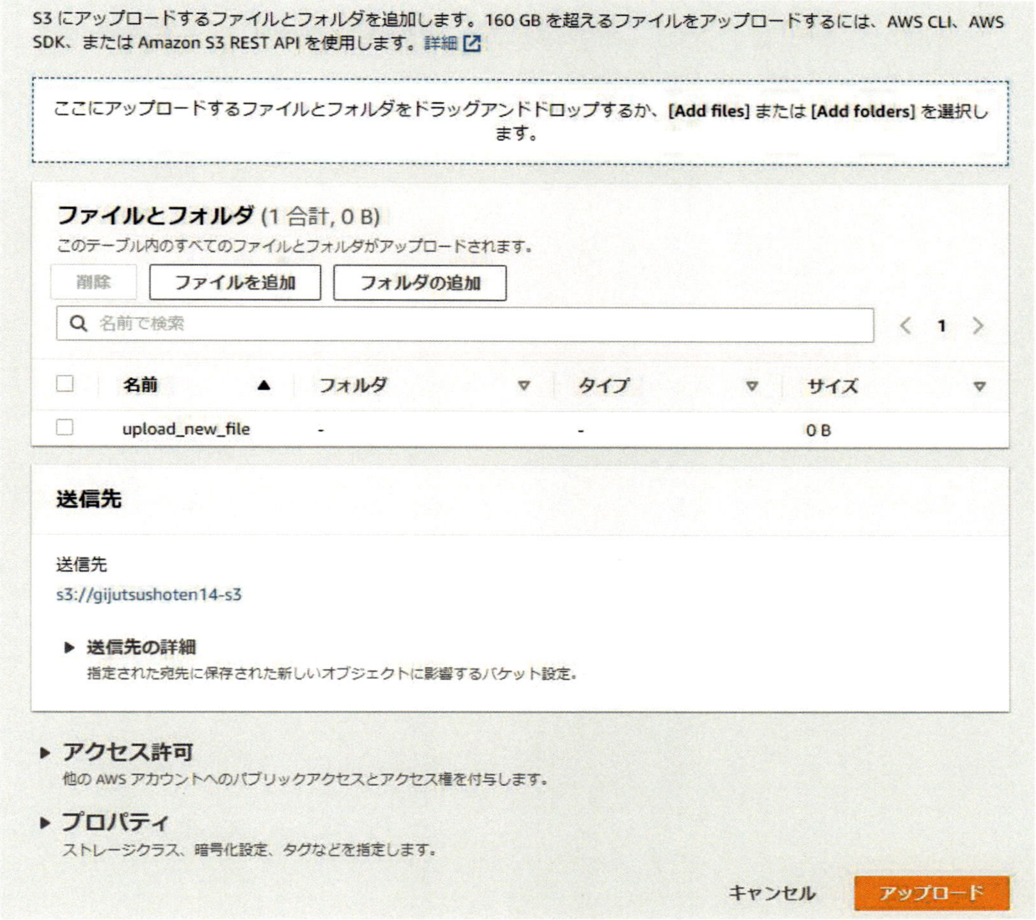

その後、アップロードの結果が表示されます。ファイル名がオブジェクト名になりますが、すでに同じオブジェクト名があった場合強制的に上書きされるので注意してください。

ドラッグアンドドロップではなく、「アップロード」をクリックしてもファイルがアップロードできます。その場合は、先ほどのオブジェクト設定画面が開き、そこで対象となるファイルを指定します。

3.3.1.2　オブジェクトの取得（ダウンロード）

オブジェクトの取得もコンソールで行えます。コンソールでオブジェクト名をクリックするとオブジェクトの詳細画面に遷移するので、そこで「ダウンロード」をクリックすることでオブジェクトが取得できます。

まとめてオブジェクトをダウンロードした場合は、ダウンロードしたいオブジェクトにチェックを入れて、「アクション」から「名前をつけてダウンロード」をクリックすることでダウンロードができます。

第3章　AWS:S3の基本的な使い方 | 23

図3.12: まとめてダウンロード

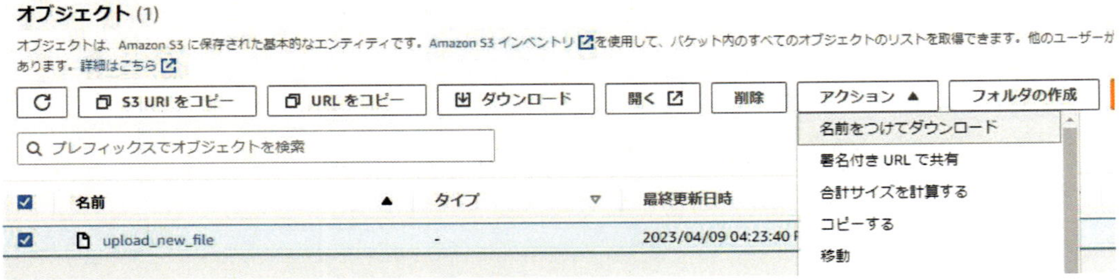

3.3.1.3　オブジェクトの削除

オブジェクトの削除もコンソールで行えます。一覧にあるオブジェクト名の隣にあるチェックボックスにチェックを入れ、「削除」をクリックすると確認画面が開き、指示されたテキストをテキストボックスに入れる必要があります。最後に「オブジェクトの削除」をクリックすることで、オブジェクトの削除ができます。

図3.13: オブジェクトの削除

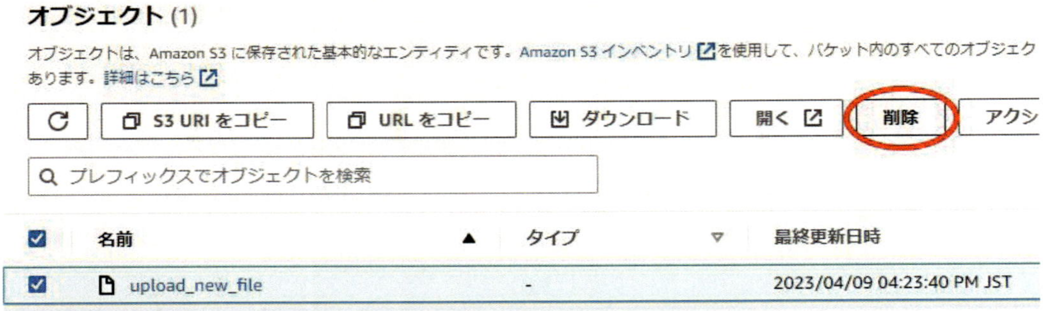

オブジェクトの削除後、削除結果の画面が開きます。

3.3.1.4　フォルダの作成

フォルダの作成は、バケットのコンソールで「フォルダの作成」をクリックすることでできます。他には、フォルダをドラッグアンドドロップすることでフォルダが作成され、フォルダ配下のファイルもアップロードされます。

コンソール上でフォルダをクリックすると、フォルダの中のオブジェクト一覧が閲覧でき、そこでオブジェクトの作成を行うとフォルダ配下にオブジェクトが作成されます。

3.3.2　CUIでの操作

Webコンソールと同様の操作は、aws s3を使うことでCUIで操作できます。

3.3.2.1　オブジェクトの作成（アップロード）

オブジェクトの作成は、aws s3のcpサブコマンドを用いて行います。最初の引数にアップロード

するローカルファイルのパス、第2引数にバケットのURLを指定します。バケットのURLとは、バケット作成時に指定した際に使用した"s3://*bucket_name*"のように、先頭に"s3://"をつけたものです。

実行例は以下の通りです。空のファイルを作成し、作成したファイルをアップロードしています。

```
$ touch upload_new_file
$ aws s3 cp upload_new_file s3://gijutsushoten14-s3
upload: ./upload_new_file to s3://gijutsushoten14-s3/upload_new_file
```

オブジェクトの更新も、cpコマンドを使用します。コンソールのときと同様に、上書きは確認されません。

フォルダのアップロードは「--recursive」オプションを指定します。アップロードするローカルのディレクトリーを第1引数に指定します。指定したディレクトリー配下にあるファイルも全てアップロードされます。「--exclude」と「--include」オプションを指定することで、ワイルドカードを使った対象ファイルのフィルターを指定することができます。

実行例は以下の通りです。ディレクトリーを作成し、その配下にファイルを作成しています。第1引数に作成したディレクトリーを指定し、アップロードをしています。「--exclude」で全てのファイルを対象外とし、「--include」で"upload"から始まるファイルのみアップロードするように指定しています。

```
$ mkdir directory
$ touch directory/upload_new_file
$ touch directory/upload_new_file2
$ touch directory/exclude_upload_new_file
$ aws s3 cp directory/ s3://gijutsushoten14-s3/ \
    --recursive --exclude "*" --include "upload*"
upload: directory/upload_new_file2 to s3://gijutsushoten14-s3/upload_new_file2
upload: directory/upload_new_file to s3://gijutsushoten14-s3/upload_new_file
```

3.3.2.2 オブジェクトの取得（ダウンロード）

オブジェクトの取得もcpサブコマンドを使用します。第1引数にオブジェクトのURL、第2引数にダウンロードするローカルパスを指定します。以下の例は、オブジェクトをカレントディレクトリーへコピーする例です。

```
$ ls
$ aws s3 cp s3://gijutsushoten14-s3/upload_new_file ./
$ ls
upload_new_file
```

第1引数にフォルダを指定し、「--recursive」オプションを指定することで、複数ファイルを一括でダウンロードできます。「--exclude」と「--include」を指定して、ワイルドカードを使った対象オ

第3章　AWS:S3の基本的な使い方 | 25

ブジェクトのフィルターができます。

3.3.2.3 オブジェクトの削除

オブジェクトの削除は、aws s3のrmサブコマンドを使用します。第1引数に削除するURLを指定します。以下の実行例は、rmサブコマンドでオブジェクトを削除しています。lsサブコマンドはオブジェクトを参照するサブコマンドです。

削除をする際の確認はないので、注意が必要です。

```
$ aws s3 ls s3://gijutsushoten14-s3/
2023-04-09 08:46:05          0 upload_new_file
2023-04-09 08:46:05          0 upload_new_file2
$ aws s3 rm s3://gijutsushoten14-s3/upload_new_file
delete: s3://gijutsushoten14-s3/upload_new_file
$ aws s3 ls s3://gijutsushoten14-s3/
2023-04-09 08:46:05          0 upload_new_file2
```

フォルダを削除する場合は、「--recursive」オプションを指定します。フォルダ配下のオブジェクトも全て削除されます。以下の例は、バケットを削除した場合の例です。

```
$ aws s3 ls s3://gijutsushoten14-s3/folder/
2023-04-09 08:57:43          0 upload_new_file
2023-04-09 08:57:42          0 upload_new_file2
$ aws s3 rm s3://gijutsushoten14-s3/folder/ --recursive
delete: s3://gijutsushoten14-s3/folder/upload_new_file
delete: s3://gijutsushoten14-s3/folder/upload_new_file2
$ aws s3 ls s3://gijutsushoten14-s3/folder/
```

3.3.2.4 フォルダの作成

フォルダの作成はaws s3ではできません。が、cpサブコマンドで存在しないフォルダを指定することで、自動で作成されます。以下の実行例は、存在しないフォルダ名を指定して、cpサブコマンドを実行した場合の例です。存在しないフォルダに対してオブジェクトを作成することで、フォルダが作成されているのを確認できます。

```
$ aws s3 ls s3://gijutsushoten14-s3/folder/
$ aws s3 cp upload_new_file s3://gijutsushoten14-s3/folder/
upload: ./upload_new_file to s3://gijutsushoten14-s3/folder/upload_new_file
$ aws s3 ls s3://gijutsushoten14-s3/folder/
2023-04-09 09:12:09          0 upload_new_file
```

3.3.2.5 その他の操作

ここまでで色々なaws s3のサブコマンドを解説してきました。cpやrmなどLinuxに慣れている

26 ｜ 第3章 AWS:S3の基本的な使い方

方なら、おなじみのコマンドに感じた方が多いと思います。実際にその通りで、Linux に慣れている方なら問題なく使えるサブコマンドが多いです。本文でも少し使いましたが、cp と rm 以外のオブジェクトを操作するサブコマンドを紹介します。

表3.1: その他のサブコマンド

サブコマンド	操作の説明
rb	バケットを削除します。
mv	オブジェクトの移動をします。
ls	バケットのリストを出力します。

3.4 APIでの操作

Web コンソールと CUI を使ったオブジェクトの操作について解説してきました。他にも S3 では、オブジェクトの操作が可能な API が提供されています。

本書では使い方の解説はせず、紹介だけ行います。必要に応じて公式ドキュメントを確認してください。

3.4.1 AWS SDK

S3 をアプリケーションから操作するためのライブラリーが、AWS SDK として提供されています。SDK をプログラムに埋め込むことで、システムの中からオブジェクトを操作することができます。SDK が提供されている言語は決まっていて、以下のプログラミング言語に対応しています。

- ・C++
- ・.NET
- ・Go
- ・Java
- ・JavaScript（TypeScript）
- ・PHP
- ・Python
- ・Ruby
- ・Rust
- ・Swift
- ・Kotlin

詳細は公式ドキュメント[1]をご覧ください。

3.4.2 REST API

HTTP リクエストでオブジェクトを操作する API です。RESTful サービスとして API が提供され

1.https://aws.amazon.com/developer/tools/

第 3 章　AWS:S3 の基本的な使い方 ｜ 27

ており、HTTPリクエストが送信できればオブジェクトの操作が行えます。
　詳細は公式ドキュメント[2]をご覧ください。

2.https://docs.aws.amazon.com/AmazonS3/latest/API/Welcome.html

第4章　AWS:アクセス制御

前章では、S3の基本的な使い方を解説しました。この章ではアクセス制御の方法を解説します。

4.1　アクセス制御方法の種類

S3のアクセス制御には、以下の3つの方法があります。

・アクセスコントロールリスト（以下、ACL）による制御

・バケットポリシーによる制御

・IAMユーザポリシーによる制御

一番上のACLによる制御は、AWSから「最新のS3のユースケースではACLほとんど必要がない」とアナウンスされています。ACLによる制御は、オブジェクトを作成したユーザが（バケットの所有者の意思に関係なく）アクセス制御を行いたい場合にのみ使用します。

実質的にACLによる制御は勧められていません。本書ではバケットポリシーとIAMユーザポリシーによるアクセス制御方法を解説します。

4.1.1　設定できるユーザの種類

バケット・オブジェクトにアクセスするための認証に使用するユーザは、AWS Identity and Access Management（以下、IAM）で作成したAWSユーザのみになります。

4.1.1.1　IAM

IAMはAWSのサービスのひとつで、AWSのユーザ管理を行うサービスです。ユーザの作成や、ユーザの権限を設定することができます。ユーザ権限にはS3の他、AWSの他のサービスの権限の設定もできます。本書では主題ではないので、簡単な解説にとどめます。興味ある方は公式ドキュメント[1]や他の書籍をご参照ください。

IAMで作成するユーザはグループで管理することができ、グループに対しても権限が付与できます。当然、グループに属するユーザは権限を引き継ぎます。グループとユーザのイメージを以下の図に示します。

1.https://docs.aws.amazon.com/IAM/latest/UserGuide/introduction.html

図 4.1: グループとユーザ

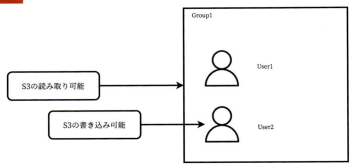

本書では、「s3-bucket-group」というグループを作成し、配下に「s3-aws-user」というユーザを作成してこれらを使って解説を行います。

4.2 バケットポリシーによる制御とIAMユーザポリシーによる制御

バケットポリシーによる制御とIAMユーザポリシーによる制御は、バケットに権限を付与するのか、ユーザに付与するのかの違いです。どちらかにアクセス許可の権限が設定されていれば、バケットへアクセスすることができます。同様に、どちらかに拒否の権限が付与されていれば、アクセスできません。

4.3 バケットポリシーによるアクセス制御の設定方法

バケットポリシーによるアクセス制御の設定方法を解説します。Webコンソールによる設定方法と、CUIによる設定方法に分けて解説します。バケットポリシーではIAMグループは指定ができないので、ユーザに対してのみ設定を行います。

4.3.1 Webコンソールによる設定方法

まずは、Webコンソールで設定する方法です。バケットのコンソールから「アクセス許可」をクリックします。

図 4.2: アクセス許可

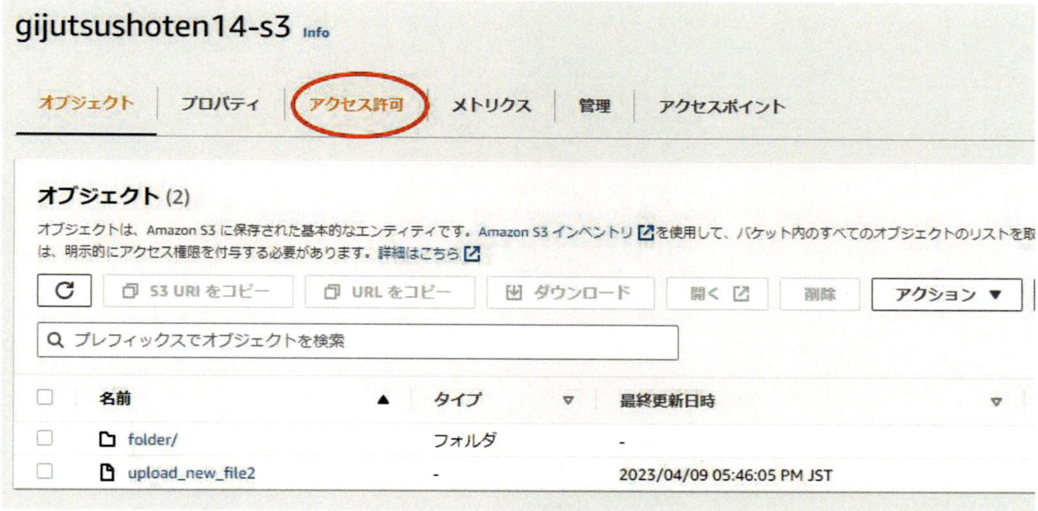

少し下の方に移動するとバケットポリシーの欄があるので、「編集」をクリックするとバケットポリシーの設定をすることができます。

図 4.3: バケットポリシー

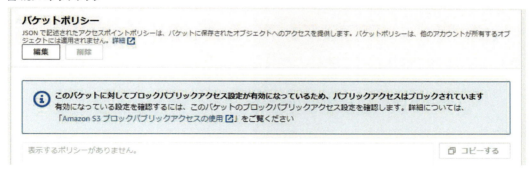

バケットポリシーの設定は、json形式の記述を行います。Webコンソールの場合、ウィザードツールが使用できます。ここではウィザードツールを使用して、IAMユーザに対してオブジェクトのリストを表示する権限を付与します。

バケットポリシーの編集画面を開いたら、「新しいステートメントを追加」をクリックするとウィザードが起動します。

図4.4: ステートメントを追加

ステートメントを選択

ポリシー内の既存のステートメントを選択するか、新しいステートメントを追加します。

＋ 新しいステートメントを追加

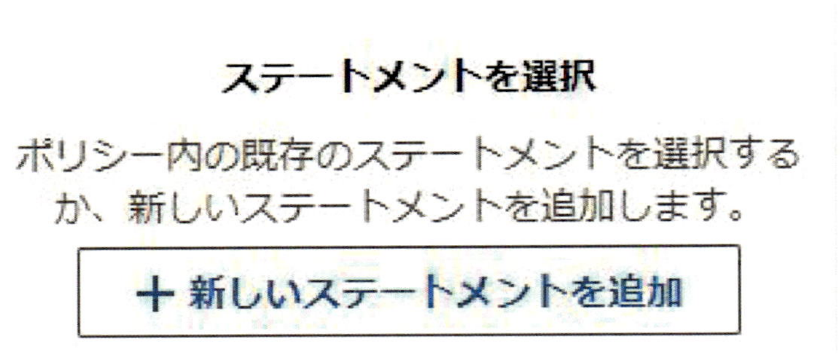

ウィザードは左側にJSON型式の権限、右側で色々な設定を行っていきます。使用可能なリストに「S3」があるのでクリックします。

図4.5: 使用可能なリスト

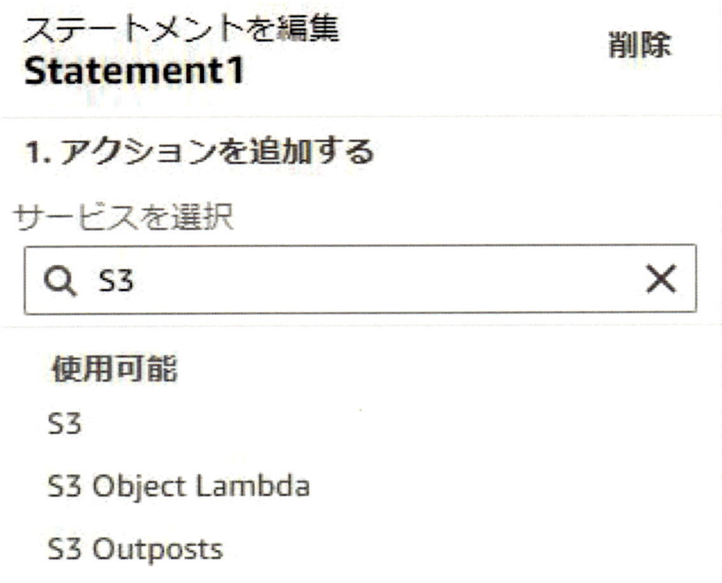

ステートメントを編集　　　　　　削除
Statement1

1. アクションを追加する

サービスを選択

Q　S3　　　　　　　　　　　　　　　　✕

使用可能

S3

S3 Object Lambda

S3 Outposts

クリックすると、設定できる権限がたくさん出てきます。ここから設定したい権限を選択して付与します。今回設定したいのは、バケットのオブジェクトをリスト表示できる権限なので「ListBucket」を選択します。

32　│　第4章　AWS:アクセス制御

図4.6: ListBucket

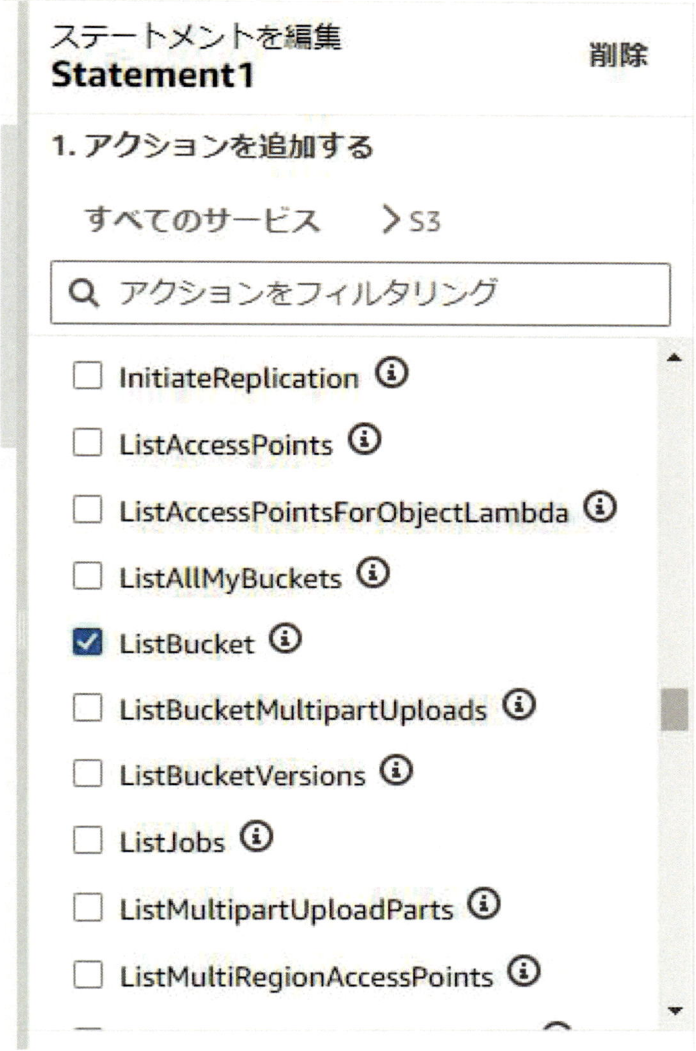

> **付与できる権限**
>
> 　付与できる権限は多岐にわたり用意されています。たくさんあるので迷いやすいですが、動詞＋目的語の形で定義されているので、慣れてしまえばわかりやすいです。たとえば、オブジェクトを作成する権限の場合は「PutObject」です。
>
> 　付与したい権限が解らない場合は、公式ドキュメント[2]を参考にしてみてください。
>
> ────────────────────────────────
>
> 2.https://docs.aws.amazon.com/AmazonS3/latest/API/ API_Operations_Amazon_Simple_Storage_Service.html

　次にどのバケットに対しての権限なのかを指定するため、「リソースを追加」の「追加」をクリックします。

第4章　AWS:アクセス制御　33

図4.7: リソースの追加

2. リソースを追加する　　　　　追加

　存在するリソース（バケット）から指定することができます。今回はバケットを指定したいので、
リソースのタイプで「bucket」を選択します。

図4.8: リソースの選択

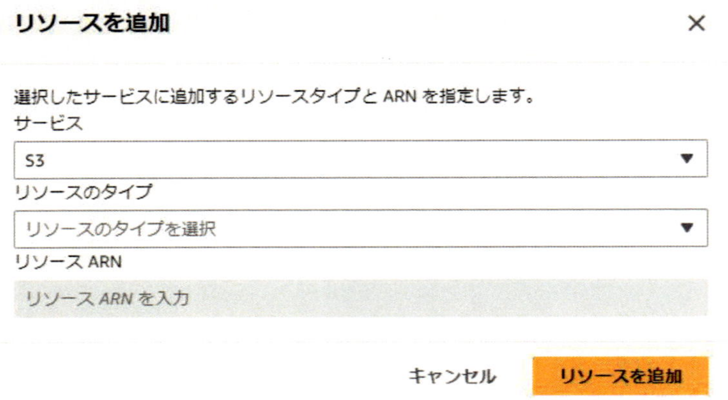

リソースを追加　　　　　　　　　　　　　　　　　　　　✕

選択したサービスに追加するリソースタイプと ARN を指定します。
サービス

S3　　　　　　　　　　　　　　　　　　　　　　　　　▼

リソースのタイプ

リソースのタイプを選択　　　　　　　　　　　　　　　　▼

リソース ARN

リソース ARN を入力

　　　　　　　　　　　　　　キャンセル　　**リソースを追加**

　バケットの名前を入力し、「リソースの追加」をクリックすると、JSONへリソースのARNが反
映されます。

ARNとは

　Amazon Resource Name（以下、ARN）とは、その名の通り AWS のリソースを指定する名前のことです。AWS で
はリソースを ARN で一意に識別します。本書で作成したバケットの ARN は「arn:aws:s3:::gijutsushoten14-s3」となり
ます。S3 のリソースであることと、バケットの名前が入っているのがわかります。IAM ユーザにも ARN があるので、
後述の解説で ARN を指定します。

　これまでに、"どの"リソースに"どのような"権限を与えるかを設定しました。最後に"誰に"を指定
します。これはウィザードでは設定できず、直接JSONを編集する必要があります。

図 4.9: 現在の JSON

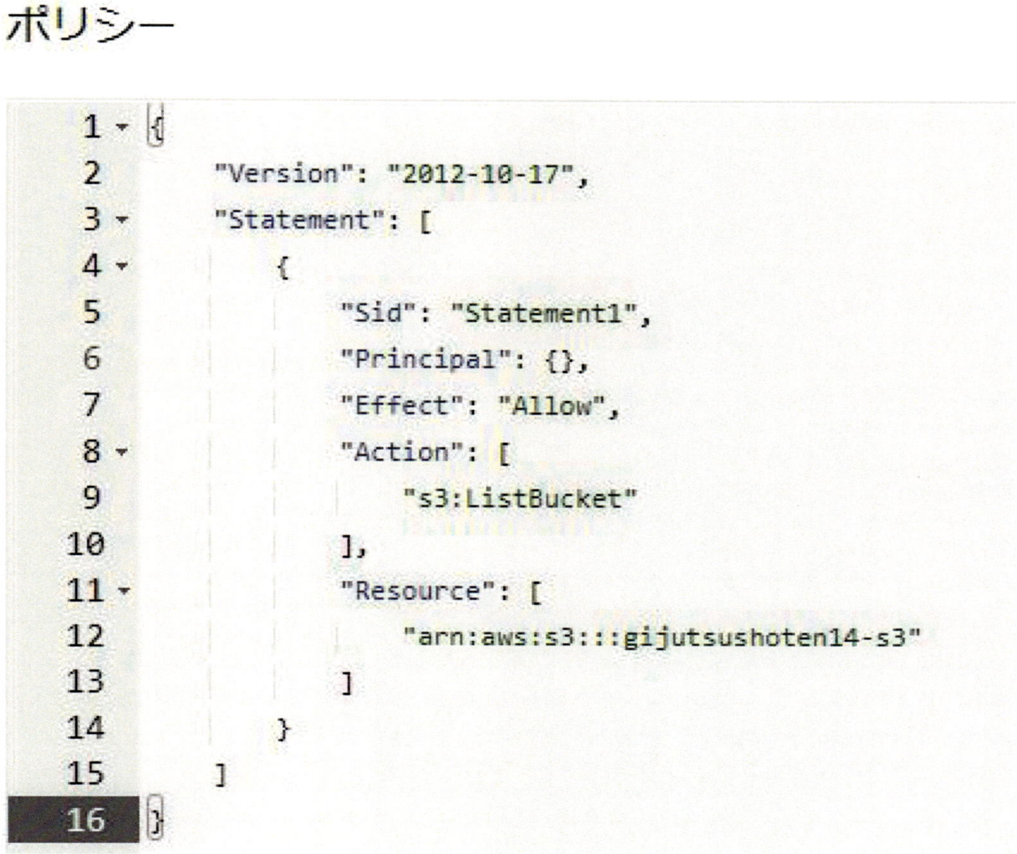

ポリシー

```json
{
    "Version": "2012-10-17",
    "Statement": [
        {
            "Sid": "Statement1",
            "Principal": {},
            "Effect": "Allow",
            "Action": [
                "s3:ListBucket"
            ],
            "Resource": [
                "arn:aws:s3:::gijutsushoten14-s3"
            ]
        }
    ]
}
```

　付与する相手を指定する場合は、JSONの「Principal」属性を編集します。権限を付与するユーザのARNが必要になるので、IAMコンソールからARNをコピーします。JSONを編集し、「AWS」属性の中にユーザのARNを記述します。変更後の「Principal」は、次の画像をご覧ください。黒塗りになっている部分は、AWSと契約しているユーザによって異なる12桁の数字です。

図 4.10: 編集後の JSON

```
 1 ▾ {
 2       "Version": "2012-10-17",
 3 ▾     "Statement": [
 4 ▾         {
 5               "Sid": "Statement1",
 6               "Effect": "Allow",
 7 ▾             "Principal": {
 8                   "AWS": "arn:aws:iam::            :user/s3-aws-user"
 9               },
10               "Action": "s3:ListBucket",
11               "Resource": "arn:aws:s3:::gijutsushoten14-s3"
12           }
13       ]
14 }
```

　最後に、右下の「保存」をクリックして権限を反映させます。

　反映後、Chrome等のシークレットモードでIAMで作成したユーザでログインし、「https://s3.console.aws.amazon.com/s3/buckets/{BUCKET_NAME}」({BUCKET_NAME}は作成したバケット名)にアクセスすると、オブジェクトの一覧が確認できます。オブジェクトの一覧は確認できますが、他の操作は権限がないから行えません。ダウンロードを行おうとしても、アクセス権限がない旨のメッセージが表示されます。

図4.11: IAMで作成したユーザのバケットコンソール

> **パブリックアクセスする場合**
>
> 　本書では解説しませんが、認証が必要なく、誰でもアクセスできるパブリックアクセスにする場合はPrincipalにワイルドカード（アスタリスク）を指定します。

4.3.2　CUIによる設定方法

　Webコンソールでバケットポリシーを設定する方法を紹介しました。ここからはCUIで設定する方法を紹介します。といっても、先ほどWebコンソールで作成したjsonと同じ内容をファイルに出力し、設定を行うだけです。

4.3.2.1　ポリシーファイルの用意

　まずは、以下のようなファイルを用意します。内容はWebコンソールで作成したものと同様です。

リスト4.1: バケットポリシー

```
{
    "Version": "2012-10-17",
    "Statement": [
        {
            "Sid": "Statement1",
            "Effect": "Allow",
            "Principal": {
                "AWS": "arn:aws:iam::XXXXXXXXXXXX:user/s3-aws-user"
```

第4章　AWS:アクセス制御　　37

```
        },
        "Action": "s3:ListBucket",
        "Resource": "arn:aws:s3:::gijutsushoten14-s3"
    }
  ]
}
```

　先ほどはウィザードで作成したのであまり意識していませんでしたが、ここではそれぞれの意味を解説します。

・Version

　このポリシーのバージョンです。指定するバージョンによって使える変数、使えない変数があります。今は「2012-10-17」を指定しておけば問題ありません。今後バージョンが変わることがあれば、この値を変更します。

・Statement

　権限を指定するメインの要素です。オブジェクトの配列を指定することができるので、複数の権限を同時に設定できます。

・Sid

　識別子です。ユニークな値を自身で指定することができます。

・Effect

　操作を許すのか、操作を許さないのかを指定します。「Allow」（許可）と「Deny」（拒否）の設定ができます。

・Principal

　先ほども解説した通り、"誰に"の設定を行います。配列が指定でき、複数の指定をすることができます。「AWS」属性に指定するのは、AWSのリソースであることを示しています。バケットポリシーのPrincipalにはIAMのグループは設定できないので、注意してください。

　IAMユーザの他に、AWSサービスも指定することができます。

・Action

　許可する操作権限を指定します。配列を指定できるので、複数の権限を一度に設定できます。

・Resource

　対象となるリソースを指定します。ここではバケット名をARNで指定しています。

・その他の属性

　その他にも色んな属性を指定することができます。本書では全てを解説しませんが、詳細が知りたい方は「IAM JSON ポリシー」で調べてみてください。

4.3.2.2　put-bucket-policyによる設定

　ファイルが作成できたら、CUIによってバケットポリシーを設定します。設定には、aws s3api コマンドのput-bucket-policyコマンドを使用します。実際の設定例は以下の通りです。「--bucket」オプションにバケット名、「--policy」オプションに先ほど作成したファイルを指定します。バケット

名は先頭に"s3://"をつけなくても認識します。

```
$ aws s3api put-bucket-policy ¥
    --bucket gijutsushoten14-s3 ¥
    --policy bucket-policy.json
```

4.4 IAM制御によるアクセス制御の設定方法

先ほどまでは、バケットに権限を指定するバケットポリシーによるアクセス制御を解説しました。ここでは、IAMアカウントに権限を付与する方法を解説します。IAM制御はグループに対してもアクセス制御ができるので、グループとユーザに別のアクセス権限を付与していきます。

4.4.1 Webコンソールによる設定方法

はじめにグループに対してバケットの中身を表示する権限を付与し、その後ユーザに書き込みをする権限を付与します。

4.4.1.1 グループに対する権限付与

まずはWebコンソールによる設定方法です。はじめにIAMのコンソールを開きます。サービスメニューの「セキュリティ、ID、およびコンプライアンス」から「IAM」をクリックすると開きます。

図4.12: IAM

左側の「ユーザーグループ」をクリックすることでユーザーグループの画面が開くので、権限を付与するユーザーグループをクリックします。

図4.13: ユーザーグループ

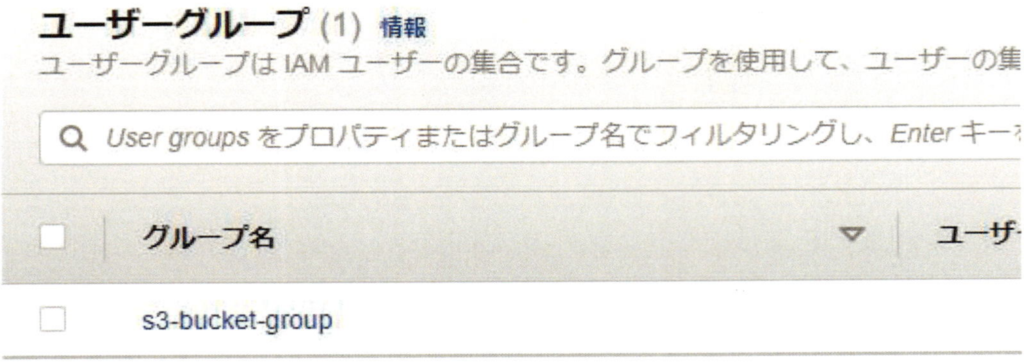

「許可」タブをクリックします。

図4.14: 許可タブ

次に、右の方にある「許可を追加」から、「インラインポリシーを作成」をクリックし、ポリシーを入力するウィザードを起動します。

図 4.15: インラインポリシーを作成

　インラインポリシーの解説の前に、AWSのポリシーについて解説します。AWSではポリシーという名前である程度権限がまとめられた権限セットが用意されています。たとえば「SupportUser」というポリシーには、各サービスの状態を確認する権限がまとめられています。このポリシーを使うことで、権限を個々に設定することなく、イメージしやすい名前で権限を与えることができます。インラインポリシーはポリシーを定義することなく、特定のユーザやグループに与える権限セットになります。

　AWSが作成した便利なポリシーがいくつかすでにあり、それらを活用することもできます。

図 4.16: ウィザード画面

　ウィザードでは最初にサービスを選択します。ここでは「S3」を選択します。

第4章　AWS:アクセス制御　　41

図4.17: サービスの選択

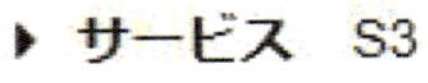

> サービス　S3

次に、アクションを選択します。付与する権限のことです。権限は複数設定することができます。ここでは「リスト」の中の「ListBucket」を選択します。

拒否する権限を設定したい場合は、右上の「アクセス権限の拒否に切り替え」をクリックすることで切り替えられます。

図4.18: アクションの選択

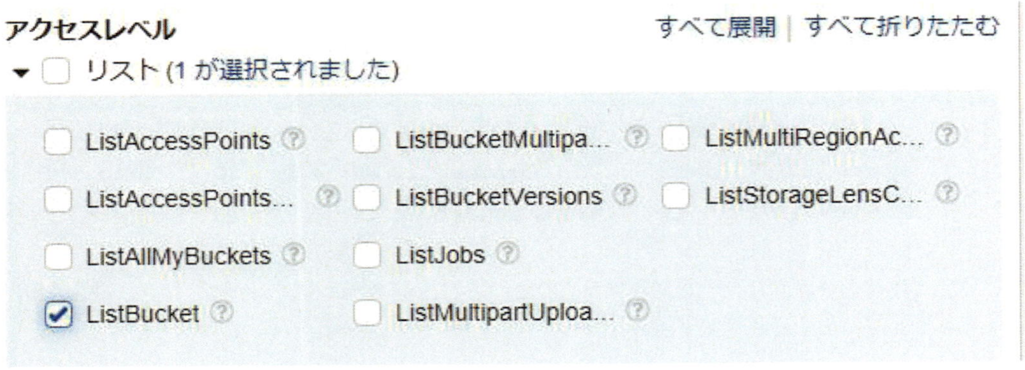

最後にリソースの設定をします。「指定」を選択し、ARNを追加します。バケット名を入れると、ARNを補完するウィザードを使用することができます。

図4.19: リソースの入力

「ポリシーの確認」をクリックすると、ポリシーに名前をつけることができます。最後に右下の「ポリシーの作成」をクリックし作成します。

図 4.20: 確認

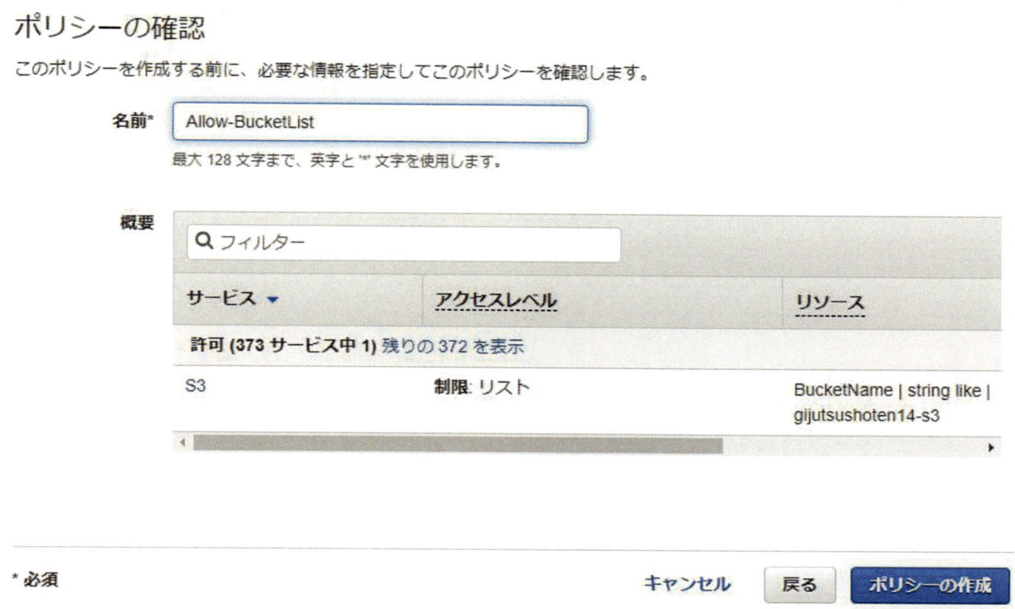

これでグループ配下のユーザは、バケットの中を確認することができるようになりました。

4.4.1.2 ユーザに対する権限付与

次にユーザに対して書き込み権限を付与します。やり方はほぼ同じで、IAMの画面から左側の「ユーザー」をクリックしてユーザの画面を開きます。

図 4.21: ユーザ

権限を付与するユーザ名をクリックすると、ユーザの詳細画面が開きます。先ほどグループで作成したポリシーが付与されていることがわかります。

図 4.22: 許可ポリシーの確認

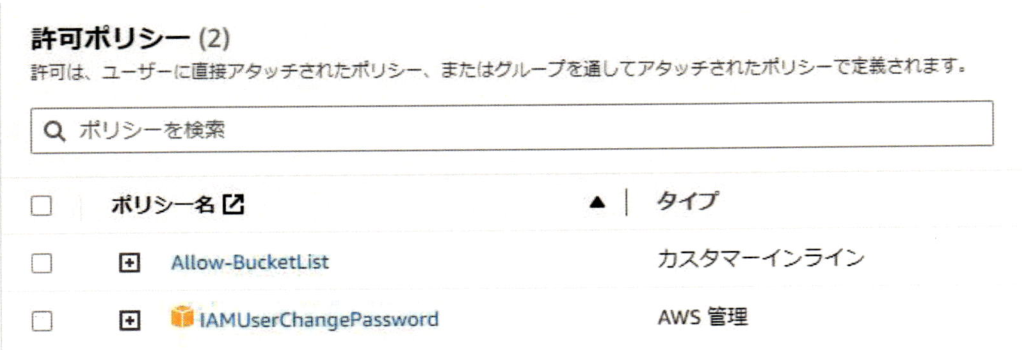

許可ポリシー (2)

許可は、ユーザーに直接アタッチされたポリシー、またはグループを通してアタッチされたポリシーで定義されます。

	ポリシー名 ☑ ▲	タイプ
☐	⊞ Allow-BucketList	カスタマーインライン
☐	⊞ 📦 IAMUserChangePassword	AWS 管理

　ポリシーの追加はグループのときと同様で、「許可を追加」から「インラインポリシーの作成」です。その後、サービスは「S3」、アクションは「書き込み」からの「PutObject」を設定します。

図 4.23: サービスとアクション

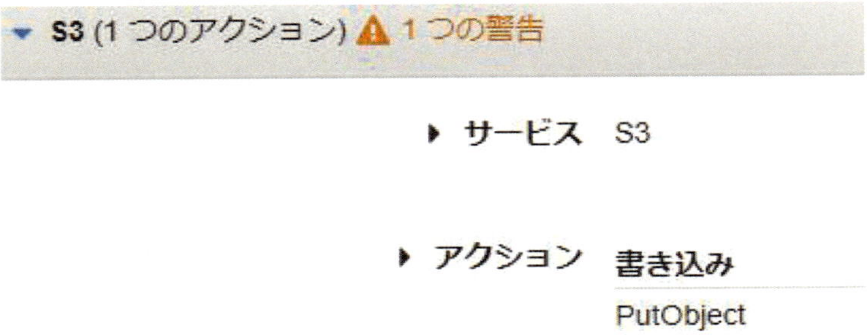

▼ **S3** (1 つのアクション) ⚠ 1 つの警告

　▶ **サービス**　S3

　▶ **アクション**　**書き込み**
　　　　　　　　PutObject

　リソースはバケット名の入力までは同じです。オブジェクトの「全て」にチェックを入れます。バケット配下の全てのオブジェクトの書き込み権限を付与します。

図4.24: リソースの入力

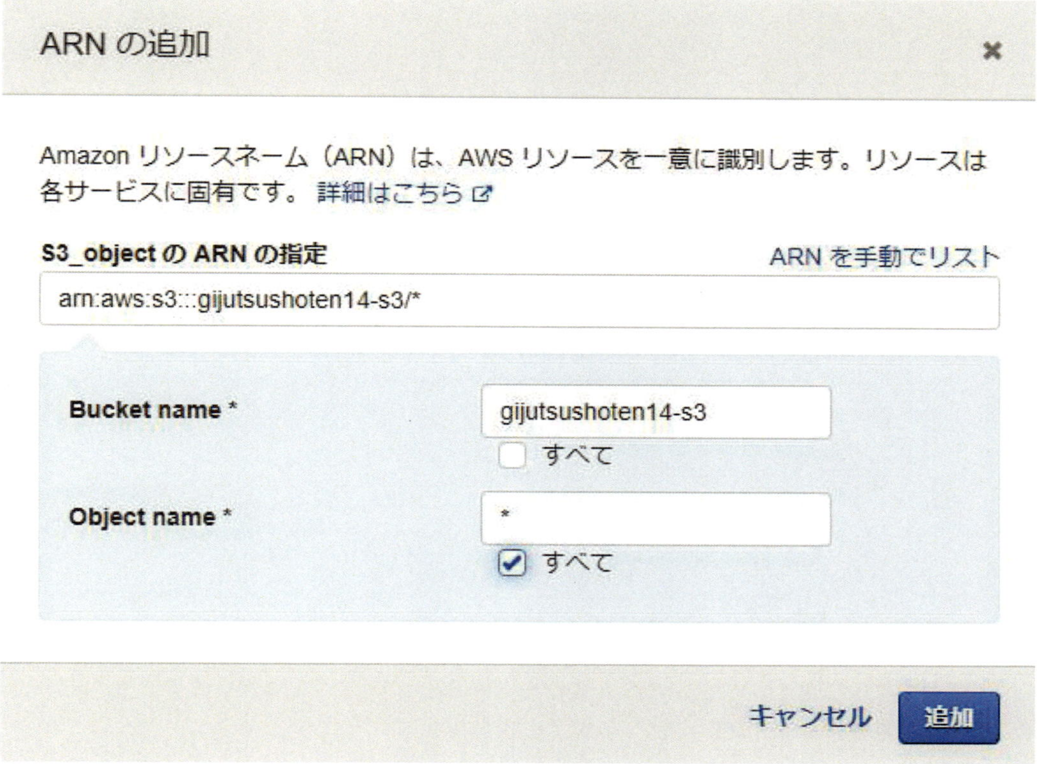

その後は、同様に確認画面でポリシーに名前をつけて完了です。これでユーザに対して書き込み権限が付与できました。IAMユーザでログインしてバケットにアクセスすると、オブジェクトの書き込みができることが確認できます。

4.4.2　CUIによる設定方法

ここからはグループとユーザに分けて、CUIを使ってアクセス権限を付与する方法を解説します。

4.4.2.1　グループに対する権限付与

グループに付与するポリシーファイルは以下の通りです。Webコンソールで付与した権限とまったく同じものです。ポリシーファイルを見ると、Webコンソールで入力した内容と同じものを設定していることがわかります。

リスト4.2: IAMポリシー

```
{
    "Version": "2012-10-17",
    "Statement": [
        {
            "Sid": "AllowBucketList",
```

第4章　AWS:アクセス制御　45

```
            "Effect": "Allow",
            "Action": "s3:ListBucket",
            "Resource": "arn:aws:s3:::gijutsushoten14-s3"
        }
    ]
}
```

aws iam コマンドの「put-group-policy」コマンドを使用して設定を行います。「--group-name」オプションにグループの名前、「--policy-name」オプションにポリシーの名前、「--policy-document」オプションに先ほど作成したポリシーファイルを指定します。

```
$ aws iam put-group-policy \
    --group-name s3-bucket-group \
    --policy-name AllowBucketList \
    --policy-document file://./allow-bucket-list.json
```

4.4.2.2　ユーザに対する権限付与

ユーザに付与するポリシーファイルは以下の通りです。Webコンソールで付与した権限とまったく同じものです。先ほど作成したポリシーファイルを比較してみると、権限を付与する対象がユーザなのか、グループなのかは関係なく、同じように記述できることがわかります。

リスト4.3: IAMポリシー
```
{
    "Version": "2012-10-17",
    "Statement": [
        {
            "Sid": "AllowPutObject",
            "Effect": "Allow",
            "Action": "s3:PutObject",
            "Resource": "arn:aws:s3:::gijutsushoten14-s3/*"
        }
    ]
}
```

ユーザに対する付与は「put-user-policy」コマンドを使用して設定を行います。「--user-name」オプションにユーザの名前、「--policy-name」オプションにポリシーの名前、「--policy-document」オプションに先ほど作成したポリシーファイルを指定します。

```
$ aws iam put-user-policy \
    --user-name s3-aws-user \
    --policy-name AllowPutObject \
    --policy-document file://./allow-put-object.json
```

　バケットポリシーとIAMポリシーによるアクセス制御の方法を解説いたしました。IAMポリシーによる設定方法の方がグループで階層ごとの設定ができるので、より細かい制御ができます。

第5章　AWS:世代管理

　前章では、アクセス制御の方法を解説しました。この章ではS3で世代管理の設定をする方法、過去世代のファイルを取り出す方法を解説します。

5.1　設定の仕方

　S3では、世代管理をバージョニングと表現します。世代管理はS3のバケットに対して設定を行います。ここでは世代管理の設定をする方法として、Webコンソールで設定する方法とCUIで設定する方法を解説します。

　ひとつ注意してほしいことがあります。ここで解説する方法は、世代管理のみの設定を行います。このままですとオブジェクトの数が永遠に増え続けるので、課金される額が純粋に世代数分かかることになります。実際に使う場合は、次章で解説するライフサイクル管理と併用して使用し、過去世代を削除するようにしてください。

5.1.1　Webコンソールで設定する方法

　はじめに、Webコンソールで設定する方法を解説します。
　バケットを開き、上部の「プロパティ」タブをクリックして設定を行います。

図5.1: プロパティ

　プロパティタブでは、バージョニングの設定の他、タグ情報（オブジェクトの追跡をしやすくするメタ情報付与の仕組み）や暗号化の設定等を変更できます。
　上部の方にある、「バケットのバージョニング」の「編集」をクリックします。

図 5.2: バケットのバージョニング

バケットのバージョニング

バージョニングは、オブジェクトの複数のバリアントを同じバケット内に保持する手段です。バージョニングを使用すると、Amazon S3 バケットに格納されているすべてのオブジェクトのすべてのバージョン、取得、復元できます。バージョニングを使用すると、意図しないユーザーアクションと意図しないアプリケーション障害の両方から簡単に復旧できます。詳細 ⧉

編集

バケットのバージョニング
無効

Multi-Factor Authentication (MFA) の削除
バケットのバージョニング設定を変更し、オブジェクトバージョンを完全に削除するために多要素認証を必要とする追加のセキュリティレイヤーです。MFA の削除設定を変更するには、AWS CLI、AWS SDK、または Amazon S3 REST API を使用します。詳細はこちら ⧉
無効

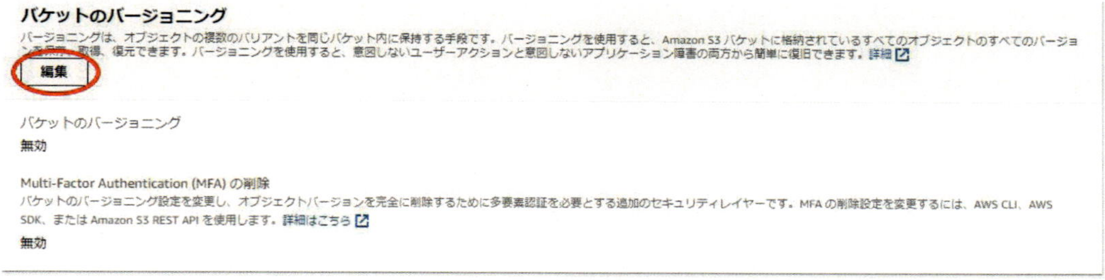

「有効にする」にチェックを入れて、「変更の保存」をクリックすることでバージョニングの設定ができます。

図 5.3: バージョニングの有効化

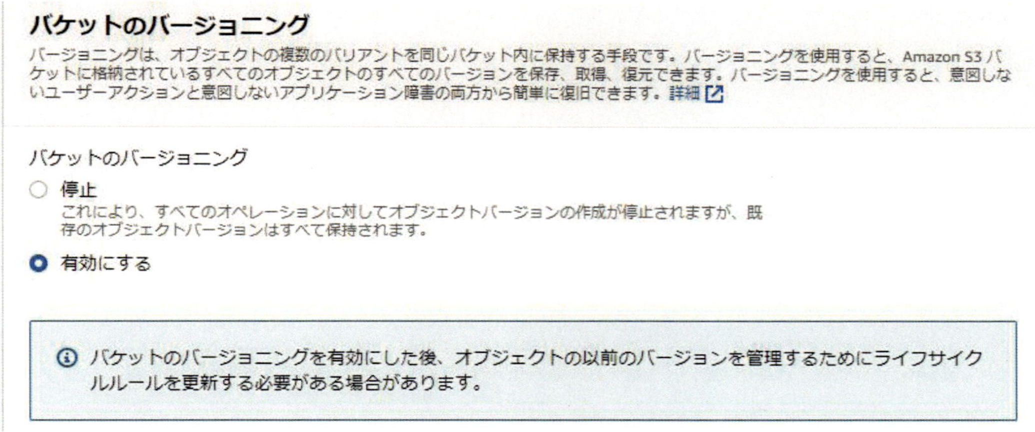

バケットのバージョニング

バージョニングは、オブジェクトの複数のバリアントを同じバケット内に保持する手段です。バージョニングを使用すると、Amazon S3 バケットに格納されているすべてのオブジェクトのすべてのバージョンを保存、取得、復元できます。バージョニングを使用すると、意図しないユーザーアクションと意図しないアプリケーション障害の両方から簡単に復旧できます。詳細 ⧉

バケットのバージョニング

○ 停止
これにより、すべてのオペレーションに対してオブジェクトバージョンの作成が停止されますが、既存のオブジェクトバージョンはすべて保持されます。

● 有効にする

ⓘ バケットのバージョニングを有効にした後、オブジェクトの以前のバージョンを管理するためにライフサイクルルールを更新する必要がある場合があります。

5.1.2　CUIで設定する方法

ここからは同様の設定を、aws s3api を使って CUI で設定する方法を解説します。

世代管理の設定は s3api の「put-bucket-versioning」コマンドを使用します。put-bucket-versioning はさらにオプションを指定します。「--bucket」オプションにバケット名、「--versioning-configuration」オプションに世代管理を有効化するか無効化するかを指定します。

```
$ aws s3api put-bucket-versioning ¥
    --bucket gijutsushoten14-s3 ¥
    --versioning-configuration Status=Enabled
```

これで、バケットに対して世代管理が有効になりました。

第5章　AWS:世代管理 49

5.2 世代管理したオブジェクトの操作方法

ここでは、実際に世代管理されているオブジェクトの操作方法を解説します。今までと同様に、Webコンソールで操作する方法とCUIで操作する方法を解説します。

5.2.1 過去世代のオブジェクトの取得

世代管理されているオブジェクトの取得方法を解説します。本書の解説で使用するオブジェクトは、2回オブジェクトの更新をしています。

5.2.1.1 Webコンソールで取得する

バケットのコンソールから、オブジェクトをクリックし、「バージョン」タブを開くと過去のバージョンを含む、全ての履歴を見ることができます。「現行バージョン」と表示されているものが最新のバージョンになります。

図5.4: バージョン

この画面で、取得したい世代の左側にあるチェックボックスにチェックを入れ、「ダウンロード」をクリックすることで過去世代のオブジェクトをダウンロードできます。

図5.5: ダウンロード

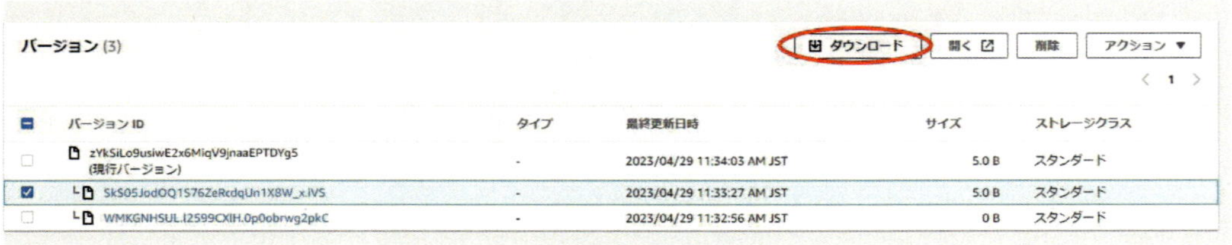

5.2.1.2 CUIで取得する

同様に、過去世代をCUIで取得する方法を解説します。

過去世代のリストを見るためには、s3apiの「list-object-versions」コマンドを使用します。次の例は、バケットの中のオブジェクトの一覧を過去バージョンを含めて表示します。

```
$ aws s3api list-object-versions --bucket gijutsushoten14-s3
{
    "Versions": [
        ... ,
        {
            "ETag": "\"ad0234829205b9033196ba818f7a872b\"",
            "Size": 5,
            "StorageClass": "STANDARD",
            "Key": "upload_new_file",
            "VersionId": "zYkSiLo9usiwE2x6MiqV9jnaaEPTDYg5",
            "IsLatest": true,
            "LastModified": "2023-04-29T02:34:03+00:00",
            "Owner": {
                "DisplayName": "OWNER_NAME",
                "ID": "ORNER_ID"
            }
        },
        {
            "ETag": "\"5a105e8b9d40e1329780d62ea2265d8a\"",
            "Size": 5,
            "StorageClass": "STANDARD",
            "Key": "upload_new_file",
            "VersionId": "SkS05JodOQ1S76ZeRcdqUn1X8W_x.iVS",
            "IsLatest": false,
            "LastModified": "2023-04-29T02:33:27+00:00",
            "Owner": {
                "DisplayName": "OWNER_NAME",
                "ID": "ORNER_ID"
            }
        },
        {
            "ETag": "\"d41d8cd98f00b204e9800998ecf8427e\"",
            "Size": 0,
            "StorageClass": "STANDARD",
            "Key": "upload_new_file",
            "VersionId": "WMKGNHSUL.l2599CXlH.0p0obrwg2pkC",
            "IsLatest": false,
            "LastModified": "2023-04-29T02:32:56+00:00",
            "Owner": {
                "DisplayName": "OWNER_NAME",
                "ID": "ORNER_ID"
            }
        },
        ...
    ]
}
```

　実行結果は一部省略して掲載しています。結果はJSON型式で表示されます。「IsLatest」属性がtrueになっているものが現行バージョンです。falseになっているものが過去世代です。

過去世代のオブジェクトをダウンロードする場合は、この「VersionId」属性が必要になるのでメモをします。

　過去世代オブジェクトの取得はs3apiの「get-object」コマンドを使用します。get-objectコマンドはオブジェクトを取得するコマンドですが、オプションをつけることで過去世代の取得ができます。「--bucket」オプションにはバケット名、「--key」オプションにオブジェクト名を指定し、「--version-id」オプションに先ほどメモをしたバージョンIDを指定することで、過去世代が取得できます。

　使用例を下記に示します。最後のファイルは保存するファイル名になります。コマンドの結果として、取得したオブジェクトの情報が出力されます。

```
$   aws s3api get-object \
    --bucket gijutsushoten14-s3 \
    --key upload_new_file \
    --version-id SkS05JodOQ1S76ZeRcdqUn1X8W_x.iVS \
    ./upload_new_file
{
    "AcceptRanges": "bytes",
    "LastModified": "2023-04-29T02:33:27+00:00",
    "ContentLength": 5,
    "ETag": "\"5a105e8b9d40e1329780d62ea2265d8a\"",
    "VersionId": "SkS05JodOQ1S76ZeRcdqUn1X8W_x.iVS",
    "ContentType": "binary/octet-stream",
    "ServerSideEncryption": "AES256",
    "Metadata": {}
}
```

5.2.2　過去世代のリストア

　過去世代を現行バージョンにしたい場合は、一度過去世代のオブジェクトを取得して、そのファイルを再度アップロードをすることで現行バージョンにすることができます。

5.2.3　過去世代の削除

　最後に過去世代の削除方法を解説します。先ほども注意事項で述べましたが、ライフサイクルの設定をしないと、過去世代は無限に作成されます。定期的に削除するようにしてください。

5.2.3.1　Webコンソールで削除する

　Webコンソールで削除するには、バージョンタブから行います。削除したい過去世代のオブジェクトにチェックを入れ、「削除」をクリックします。

図 5.6: 削除

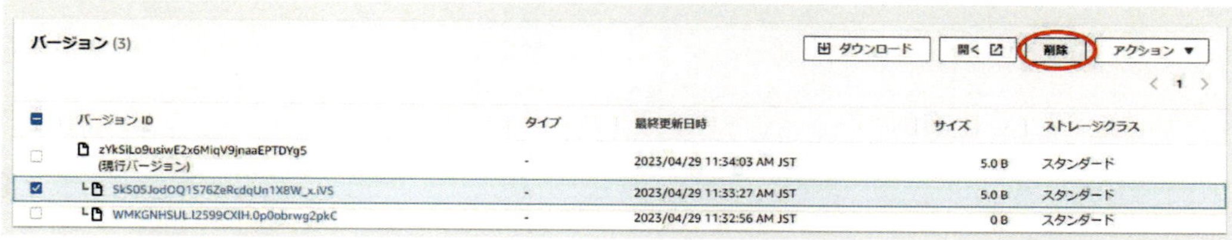

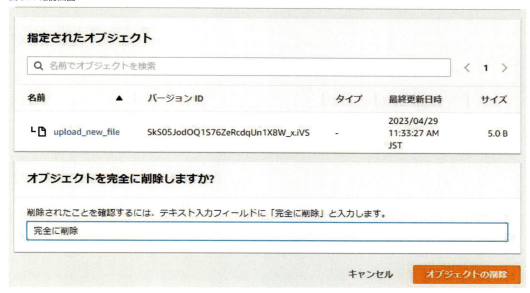

確認画面が表示されるので一番下に「完全に削除」と入力し、「オブジェクトの削除」をクリックすることで過去世代が削除できます。

図 5.7: 確認画面

5.2.3.2 　 CUI で削除する

CUI で削除するには、s3api の「delete-object」コマンドを使用します。オプションの指定は get-object と同様です。

使用例を以下に示します。コマンドの実行結果として、削除したオブジェクトのバージョン ID が表示されます。

```
$   aws s3api delete-object \
    --bucket gijutsushoten14-s3 \
    --key upload_new_file \
    --version-id WMKGNHSUL.l2599CXlH.0p0obrwg2pkC
{
    "VersionId": "WMKGNHSUL.l2599CXlH.0p0obrwg2pkC"
}
```

第 5 章　AWS:世代管理　　53

5.2.4 現行バージョンを削除した後の操作

世代管理の設定をしている場合、現行バージョンを削除しても過去の世代は管理されています。削除されたオブジェクトを確認する方法を解説します。

5.2.4.1 Webコンソールで確認する

Webコンソールでは現行バージョンを削除すると表示されなくなります。表示したい場合は、バケットのコンソールで「バージョンの表示」をオンにします。バケットの中の過去世代を含めた全てのオブジェクトが表示されるようになります。現行バージョンには削除マーカーがついていることがわかります。

図 5.8: バージョンの表示

5.2.4.2 CUIで確認する

CUIで確認する場合は、先ほど紹介したlist-object-versionsコマンドを使うことで表示されます。「DeleteMarkers」属性に削除された現行バージョンが出力されていることが確認できます。

```
$ aws s3api list-object-versions --bucket gijutsushoten14-s3
{
    "Versions": [
      ...
    ],
    "DeleteMarkers": [
        {
            "Owner": {
                "DisplayName": "OWNER_NAME",
                "ID": "ORNER_ID"
            },
            "Key": "upload_new_file",
            "VersionId": "Tgk6aTDRRN5D8fO1t490_zjoSgvFzcDq",
            "IsLatest": true,
            "LastModified": "2023-04-29T07:33:46+00:00"
```

```
        }
    ]
}
```

第6章　AWS:ライフサイクル管理

前章では、世代管理の機能を解説しました。ここでは、ライフサイクルの管理の方法を解説していきます。世代管理との連携も解説します。

6.1　ライフサイクルルール

S3では、ライフサイクルを設定する「ライフサイクルルール」と呼ばれるものを設定します。ライフサイクルルールは発動する条件と、発動したときの動きを定義します。ライフサイクルルールに設定できる項目（要素）を以下に解説します。ライフサイクルルールはXML型式、およびJSON型式で記述されるので、各項目のことを要素と表現します。

6.1.1　ID要素

ルールを一意に識別するための要素です。他のルールと同じIDは指定できません。255文字まで使用できます。

6.1.2　ステータス要素

そのルールが有効か無効かを設定するための要素です。Webコンソールでライフサイクルルールを設定する場合は、意識しません。

6.1.3　フィルター要素

ライフサイクルルールを発動するための条件を設定する要素です。フィルター要素を指定しなかった場合、バケット配下の全てのオブジェクトにライフサイクルルールが適用されます。設定できる条件は以下の通りです。それぞれの条件は複数指定することができます。

6.1.3.1　オブジェクト名
オブジェクトの名称で条件を設定できます。前方一致するオブジェクトを条件とすることができます。

6.1.3.2　オブジェクトのタグ
オブジェクトにタグが設定されている場合、タグを使った条件を設定することができます。

6.1.3.3　オブジェクトのサイズ
オブジェクトのサイズを条件に設定できます。最小サイズや最大サイズ、または両方を指定し、オブジェクトサイズを範囲で設定できます。

6.1.4　アクション要素

　条件に合ったオブジェクトに対して、オブジェクトを操作するアクションを設定します。世代管理を有効にしているかしていないかで、設定できる項目が異なります。

6.1.4.1　オブジェクトの最新バージョンをストレージクラス間で移動
　対象となるオブジェクトの現行バージョンのストレージクラスを変更します。クラスの変更は制約があり、高性能な上のクラスへの変更はできません。
　クラスの順序については、「2.4.1 S3のクラス」をご参照ください。

6.1.4.2　オブジェクトの非現行バージョンをストレージクラス間で移動
　世代管理が有効な場合、過去世代のオブジェクトのストレージクラスを変更します。クラスの変更の制約は上記と同様です。過去世代のオブジェクトに対するアクションは、過去世代になった日数や保持している数といった条件に近いものを設定できます。

6.1.4.3　オブジェクトの現行バージョンを有効期限切れにする
　対象となるオブジェクトの最新バージョンのオブジェクトを削除します。表現がわかりづらいですが、世代管理が有効になっていた場合は完全には削除されずに過去世代に移ります。
　「有効期限」という表現になっているのは、このアクションで削除されたオブジェクトはすぐには削除されないからです。S3の中で有効期限切れになり、非同期で削除されます。

6.1.4.4　オブジェクトの非現行バージョンを完全に削除
　世代管理を有効な場合の過去世代のオブジェクトを削除します。過去世代になった日数や、保持している数といった条件に近いものを設定できます。

6.1.4.5　有効期限切れのオブジェクト削除マーカーを削除
　「削除マーカー」は世代管理を有効にしている際、現行バージョンを削除した場合につけられるマーカーです。実際には存在するのに、あたかもオブジェクトがないようにS3が振舞うためのマーカーです。削除マーカーがついているオブジェクト以外に、過去世代がないオブジェクトを削除するアクションです。

6.1.4.6　不完全なマルチパートアップロードを削除
　文字通り、不完全なマルチパートアップロードのオブジェクトを削除します。マルチパートアップロードについては次のコラムを参照してください。

マルチパートアップロード

　マルチパートアップロードとは、ファイルを分割してS3へファイルをアップロードする方法です。並行してファイルが送信できるので、アップロードにかかる時間を削減することが期待できます。また、アップロードが失敗し再送する場合でも途中から再開することができます。分割された最後のファイルがアップロードされたタイミングでファイルは結合され、完全なオブジェクトになります。大きなファイルをアップロードするときに活躍するのが、マルチパートアップロードです。

> ライフサイクルルールで削除されるのは、なんらかの原因で全てのファイルがそろわず結合されなかったオブジェクトです。

6.2 Webコンソールで設定する方法

まずはWebコンソールでライフサイクルを設定する方法を解説します。Webコンソールでは、バケットのコンソールの管理タブで設定します。

図6.1: 管理タブ

「ライフサイクルルールを作成する」をクリックすることで、ルール作成のウィザード画面が起動します。

ウィザード画面では、まずはルールの名前を指定します。先ほど紹介したID要素です。

図6.2: ルール名の指定

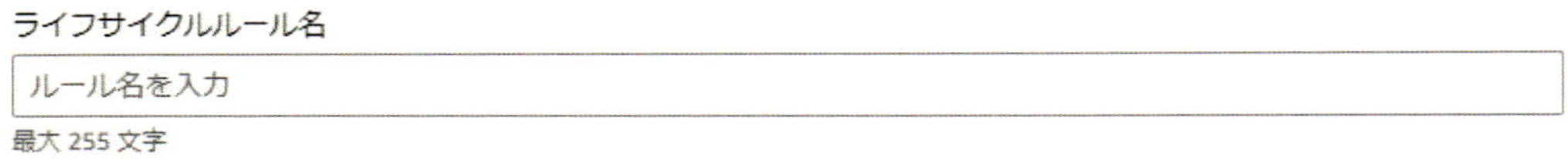

次に、ルールを適用するスコープ（範囲）を定義します。先ほど紹介したフィルター要素です。

図6.3: Set Rule Scopes セクション

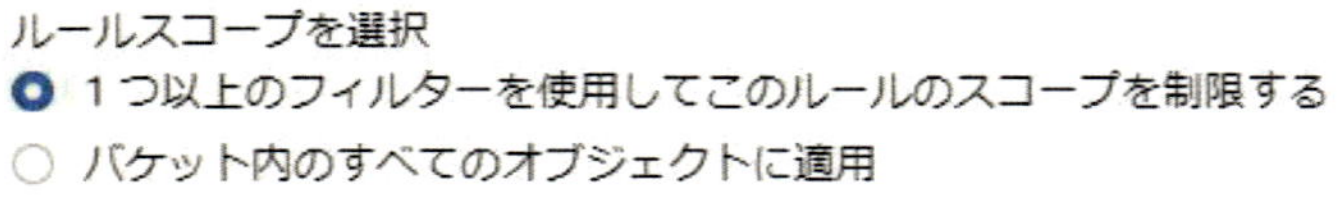

「1つ以上のフィルターを使用してこのルールのスコープを制限する」をチェックすると、より詳細な情報の入力ができます。チェックを入れた場合はオブジェクト名、オブジェクトのタグ、オブ

ジェクトのサイズの条件設定ができます。

「バケット内のすべてのオブジェクトに適用」をチェックした場合は、バケットの中の全てのオブジェクトに適用されます。

ここでは、バケット全てに適用させます。

次に、アクションの設定を行います。先ほど解説したアクション要素です。行いたいアクションにチェックを入れ、より詳細な情報を入力します。ここでは「オブジェクトの非現行バージョンをストレージクラス間で移動」にチェックを入れます。

図6.4: アクション

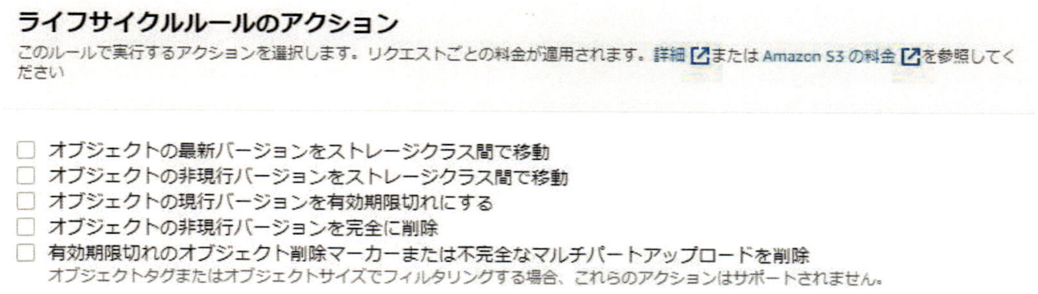

ライフサイクルルールのアクション

このルールで実行するアクションを選択します。リクエストごとの料金が適用されます。詳細 [↗] または Amazon S3 の料金 [↗] を参照してください

- ☐ オブジェクトの最新バージョンをストレージクラス間で移動
- ☐ オブジェクトの非現行バージョンをストレージクラス間で移動
- ☐ オブジェクトの現行バージョンを有効期限切れにする
- ☐ オブジェクトの非現行バージョンを完全に削除
- ☐ 有効期限切れのオブジェクト削除マーカーまたは不完全なマルチパートアップロードを削除

オブジェクトタグまたはオブジェクトサイズでフィルタリングする場合、これらのアクションはサポートされません。

チェックを入れると詳細な情報が入力できるようになります。アクションに紐づくさらなる条件を入力します。ここでは過去世代が2以上のもののストレージクラスをIntelligent-Tieringに変更するアクションを設定しています。

図6.5: 非現行バージョンをストレージクラス間で移動

現行バージョンではないオブジェクトをストレージクラス間で移行する

移行を選択して、ユースケースシナリオとパフォーマンスアクセス要件に基づいて、ストレージクラス間でオブジェクトの非現行バージョンを移動します。これらの移行は、オブジェクトが非現行となった場合に開始され、連続して適用されます。詳細はこちら [↗]

ストレージクラスの移行を選択	オブジェクトが現行バージョンでなくなってからの日数	保持する新しいバージョンの数 - オプション	
Intelligent-Tiering ▼	0	1	削除
		最大 100 バージョンにすることができます。他のすべての非現行バージョンは移動されます。	

移行を追加する

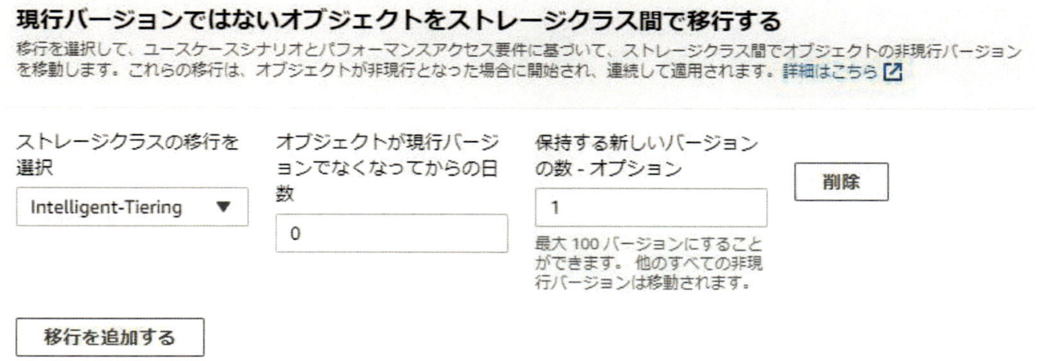

過去世代の数の他に、過去世代に移った日付を条件にすることも可能です。

最後に「ルールを作成」をクリックし、ルールを作成します。

ルールを作成してもすぐにアクションが動くわけではないので、注意してください。ルールは1日に1回評価され、条件に合ったアクションを非同期で実行します。

第6章　AWS:ライフサイクル管理 ｜ 59

6.3　CUIで設定する方法

　先ほどと同様のルールをCUIで設定する方法を解説します。CUIでのルールの設定はJSON型式、もしくはXML形式の設定ファイルを使用します。設定ファイルの書き方と設定の仕方を解説します。本書ではJSON型式の解説をします。

6.3.1　ライフサイクルルールの定義ファイル

　ライフサイクルルールの定義ファイルはJSON型式で作成します。CUIで設定する場合の設定ファイルは以下の通りとなります。

```
{
  "Rules": [
    {
      "ID": "transition-class",
      "Filter": {},
      "Status": "Enabled",
      "NoncurrentVersionTransitions": [
        {
          "NoncurrentDays": 0,
          "StorageClass": "INTELLIGENT_TIERING",
          "NewerNoncurrentVersions": 1
        }
      ]
    }
  ]
}
```

　少し複雑に見えますが、Rulesが繰り返し項目になっているだけで、先ほどウィザードで指定した内容と同じものになっています。マッピングした図を作成したのでご覧ください。

60　　第6章　AWS:ライフサイクル管理

図6.6: 設定ファイルの可視化

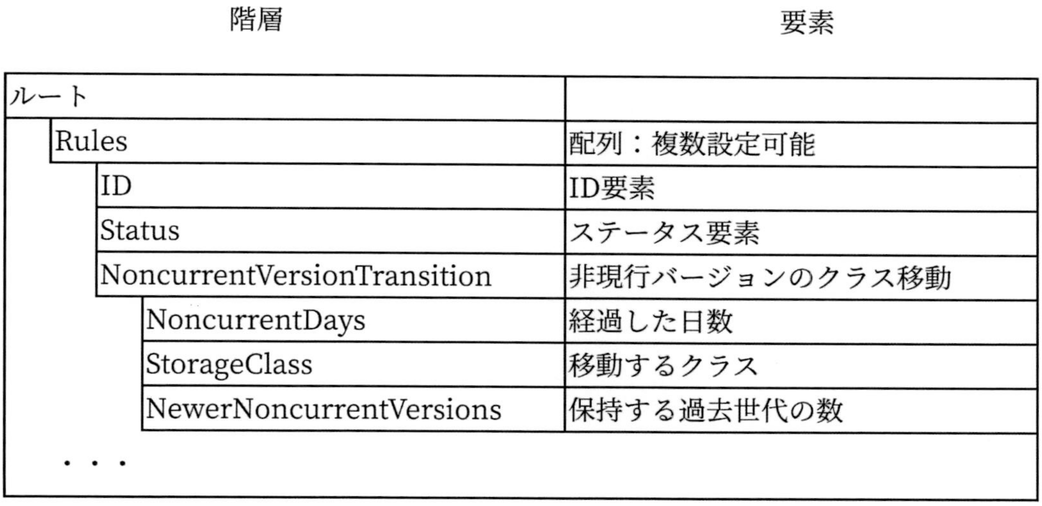

階層	要素
ルート	
Rules	配列：複数設定可能
ID	ID要素
Status	ステータス要素
NoncurrentVersionTransition	非現行バージョンのクラス移動
NoncurrentDays	経過した日数
StorageClass	移動するクラス
NewerNoncurrentVersions	保持する過去世代の数
・・・	

ID要素、ステータス要素、フィルター要素は直観的にもわかりやすいかと思います。

6.3.1.1　アクション要素

アクション要素は少し複雑で、実行するアクションを属性で指定します。指定する属性は以下の通りです。それぞれの属性にさらにオブジェクトで属性を指定できるので、その中でより詳細な条件を付与します。

表6.1: 実行したいアクションと指定する属性

アクション	属性
オブジェクトの最新バージョンをストレージクラス間で移動	Transitions
オブジェクトの非現行バージョンをストレージクラス間で移動	NoncurrentVersionTransitions
オブジェクトの現行バージョンを有効期限切れにする	Expiration
オブジェクトの非現行バージョンを完全に削除	NoncurrentVersionExpiration
有効期限切れのオブジェクト削除マーカーを削除	Expiration（ExpiredObjectDeleteMarker を指定）
不完全なマルチパートアップロードを削除	AbortIncompleteMultipartUpload

6.3.2　ルールの設定

設定ファイルを作成したら、s3apiを使用してライフサイクルルールを設定します。「put-bucket-lifecycle-configuration」コマンドを指定して、「--bucket」オプションにバケット名、「--lifecycle-configuration」オプションにファイル名を指定します。以下の実行例は、ライフサイクルルール設定ファイルを出力してルールを設定する例です。

第6章　AWS:ライフサイクル管理　｜　61

```
$ cat <<EOF > lifecycle-rule.json
{
  "Rules": [
    {
      "ID": "transition-class",
      "Filter": {},
      "Status": "Enabled",
      "NoncurrentVersionTransitions": [
        {
          "NoncurrentDays": 0,
          "StorageClass": "INTELLIGENT_TIERING",
          "NewerNoncurrentVersions": 1
        }
      ]
    }
  ]
}
EOF
$ aws s3api put-bucket-lifecycle-configuration \
  --bucket gijutsushoten14-s3 \
  --lifecycle-configuration file://./lifecycle-rule.json
```

6.3.3　ルールの確認

　ルールをCUIで確認する場合は「get-bucket-lifecycle-configuration」コマンドを使用します。「--bucket」オプションにバケット名を指定します。

　以下は実行例です。

```
$ aws s3api get-bucket-lifecycle-configuration --bucket gijutsushoten14-s3
{
    "Rules": [
        {
            "ID": "transition-class",
            "Filter": {},
            "Status": "Enabled",
            "NoncurrentVersionTransitions": [
                {
                    "NoncurrentDays": 0,
                    "StorageClass": "INTELLIGENT_TIERING",
                    "NewerNoncurrentVersions": 1
                }
            ]
        }
    ]
}
```

6.3.4　ルールの削除

　ルールをCUIで削除する場合は「delete-bucket-lifecycle」コマンドを使用します。「--bucket」オプションにバケット名を指定します。

　以下は実行例です。

```
$ aws s3api delete-bucket-lifecycle --bucket gijutsushoten14-s3
$ aws s3api get-bucket-lifecycle-configuration --bucket gijutsushoten14-s3

An error occurred (NoSuchLifecycleConfiguration) when calling
the GetBucketLifecycleConfiguration operation: The lifecycle
configuration does not exist
$
```

　実行結果は紙面上、改行していますが、1行で出力されます。

6.4　世代管理と合わせて使用する

　前章で解説した世代管理とライフサイクルをあわせて、より効果的にS3を活用する方法を解説します。世代管理を有効にすると過去世代が無限に作成されます。ライフサイクルのオブジェクトの削除の操作と、新しいバージョンの数の条件を指定することで過去世代の数を限定することができます。

　この仕組みを活用すると、バックアップの自動取得の実装が簡単に行えるようになります。毎日バックアップをとり、1週間保持しなければいけない要件があったとします。ライフサイクルルールを定義しておけば、S3が自動で世代管理や不要なバックアップを削除してくれるので、バックアップを取る機能の実装はファイルをS3へ格納するだけでよくなります。

6.4.1　Webコンソールで設定する場合

　Webコンソールで設定する場合は以下のように行います。

図6.7: アクションの設定

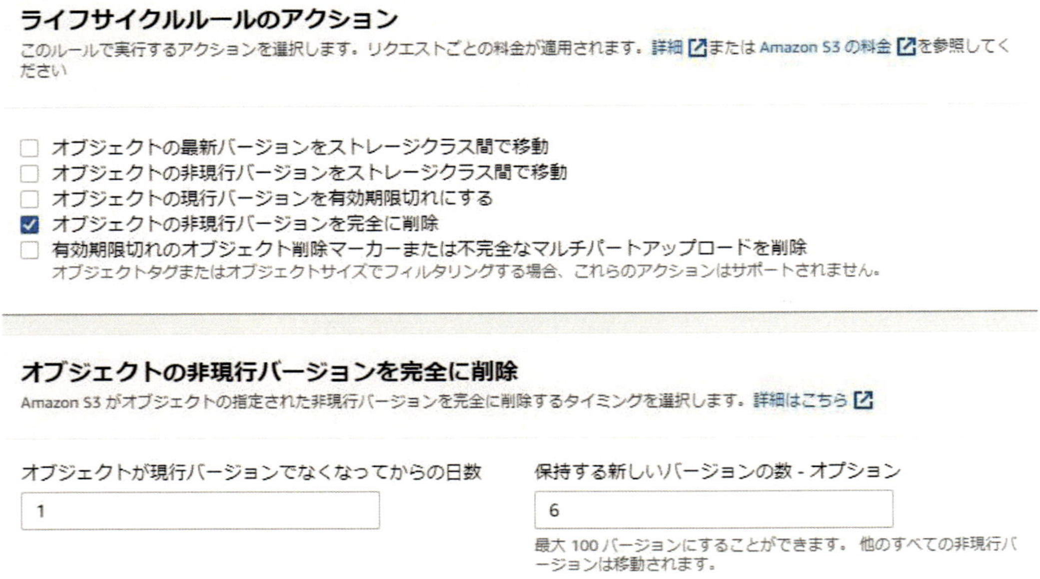

ライフサイクルルールのアクション

このルールで実行するアクションを選択します。リクエストごとの料金が適用されます。詳細 または Amazon S3 の料金 を参照してください

- ☐ オブジェクトの最新バージョンをストレージクラス間で移動
- ☐ オブジェクトの非現行バージョンをストレージクラス間で移動
- ☐ オブジェクトの現行バージョンを有効期限切れにする
- ☑ オブジェクトの非現行バージョンを完全に削除
- ☐ 有効期限切れのオブジェクト削除マーカーまたは不完全なマルチパートアップロードを削除

　オブジェクトタグまたはオブジェクトサイズでフィルタリングする場合、これらのアクションはサポートされません。

オブジェクトの非現行バージョンを完全に削除

Amazon S3 がオブジェクトの指定された非現行バージョンを完全に削除するタイミングを選択します。詳細はこちら

オブジェクトが現行バージョンでなくなってからの日数

```
1
```

保持する新しいバージョンの数 - オプション

```
6
```

最大 100 バージョンにすることができます。他のすべての非現行バージョンは移動されます。

6.4.2　CUIで設定する場合

CUIで設定する場合は以下のように設定ファイルを記述します。

```
{
  "Rules": [
    {
      "ID": "buckup-rule",
      "Filter": {},
      "Status": "Enabled",
      "NoncurrentVersionExpiration": {
        "NoncurrentDays": 1,
        "NewerNoncurrentVersions": 6
      }
    }
  ]
}
```

64 | 第6章 AWS:ライフサイクル管理

第7章 Azureの特徴

この章からは、Azureのオブジェクトストレージサービスの解説をします。はじめにAzureの特徴を簡単に説明します。

7.1 マイクロソフト製品との連携

Azureはマイクロソフトが提供するクラウドサービスです。特徴として、他のマイクロソフトのサービスとの親和性が挙げられます。マイクロソフトが提供するMicrosoft 365を使用している企業ですと、Active DirectoryとAzureを連携することが簡単にできます。語弊を恐れずに言うと、普段会社で使用しているPCにログインするユーザでAzureの操作が行えるようになります。アカウントの追加や削除が必要になる、入社や退職時の対応が容易になります。

7.1.1 OpenAIとの連携

時期性のものもありますが、Azureの最大の特徴はOpenAIとの連携です。何かと話題のChatGPTを提供しているOpenAIにマイクロソフトが大幅に出資していて、OpenAIの技術を活用したサービスがAzureで提供され、ChatGPTの機能の一部をAzureのサービスとして使うこともできます。これらは、AzureOpenAIService[1]という名称で提供されています。サービスとして提供されていますが、2023年9月時点では登録制になっているので、使用される場合はAzureにお問い合わせください。

7.1.2 リソースグループ

Azureにはリソースグループという機能があります。リソースグループを作成し、各サービスのインスタンスをリソースグループへ所属させることができます。所属させたインスタンス（リソース）を一括で管理することができ、どんなサービスを使用しているかが確認しやすくなります。また、リソースグループを一括で削除することもできるので、勉強のために作成したインスタンスの消し忘れを防止できます。本書の内容を試す場合は、ぜひリソースグループを使用し、削除し忘れないようにご活用ください。

7.2 サブスクリプション・アカウント

Azureではアカウント登録の後、サブスクリプションの設定をする必要があります。クレジットカードが必要で、本人確認も含まれているので、情報を正確に入れる必要があります。Azureからの請求は登録したクレジットカードから引き落とされます。クレジットカードでなく請求書払いを

1.https://azure.microsoft.com/ja-jp/products/cognitive-services/openai-service

行いたい場合は、Azureのパートナー経由で契約を行います。

はじめて登録する場合、いくつかのサービスは12か月無料で使用することができます。少し試してみたい場合にちょうどいいので、ぜひ活用してください。

7.3 Azureの操作方法

Azureの操作方法はいくつかあります。本書では以下のふたつを使い、解説します。

7.3.1 Webコンソールでの操作

まずはおなじみのWebコンソールで操作する方法です。ブラウザーを使ってログインし、Azureを操作します。用意するのはブラウザーのみでいいので気軽に使えます。

次の図のように、サービス一覧が表示されます。左側にカテゴリーがあり、数あるサービスが分類されています。Webコンソールにはダッシュボード機能があり、サーバーの負荷を一目で確認したり、データベースのヘルスチェックを一目で確認できます。

図7.1: Webコンソールのサービスメニュー

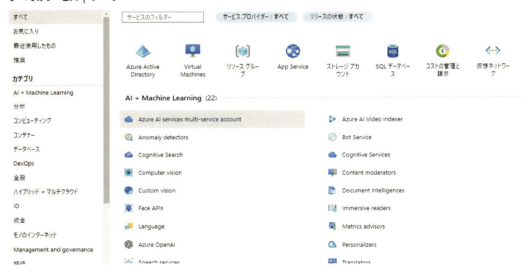

お気に入りのサービスや最近使ったサービスがリスト化されるので、よく使うサービスに簡単にアクセスできて便利です。

7.3.2 CLIでの操作

Azureでは、Webコンソールの他にCLIで操作することもできます。CLIとは"Command Line Interface"の略で、コマンドラインで操作をするインターフェースになります。文字（キャラクタ）で操作を行うので、CUI（Character(-based) User Interface）と呼ばれるともあります。CLIを使う

と同じ設定で異なる名前のサービスを作るときなど、便利なことがあります。コマンドラインに抵抗がある方は、Webコンソールでの操作をお勧めします。

7.4 Azureのオブジェクトストレージサービス

Azureのオブジェクトストレージサービスは、Azure Blob Storageという名称で提供されています。サービスの頭文字をとって「ABS」と呼ばれています。本書でもABSという名称を使います。

7.4.1 ファイルやディレクトリーの名称

ABSでは保管するファイルのことを「オブジェクト」と呼称します。階層化のためのディレクトリーは「フォルダ」と呼称します。本書でも、これ以降はオブジェクトとフォルダという表現を使用します。

7.4.2 ストレージアカウント

ABSを使うために、ストレージアカウントを作成する必要があります。ストレージアカウント名はAzure内で一意である必要があります。他の誰かが使っているものは使うことができません。ストレージアカウント作成時にオブジェクトを保管するリージョン、パフォーマンス（アカウントの種類）、冗長性を決める必要があります。アカウントという名称ですが、ログインはできません。

リージョンはオブジェクトを保管する場所のことで、パフォーマンスと冗長性に関しては以下に解説します。

7.4.2.1 パフォーマンス

パフォーマンスの選択は大きく分けて2種類あり、StandardとPremiumになります。Standardはどんなシーンでも使用できるよう、汎用的に設計されたアカウントです。逆に、特定の用途に特化されたものがPremiumになります。Premiumにはさらに、以下の3つに分類され、用途に分けて使用します。名前からもわかる通り、Premiumの方が高額で性能がいいサービスになります。

・Premium ブロック BLOB

小さなオブジェクト（サイズの小さいファイル）を格納する用途で使用します。IoTデバイスから送信されるデータを格納するようなオブジェクトの読み取り・書き込みが頻繁に発生し、リアルタイム性が必要なオブジェクトを格納するために使用します。

・Premium ファイル共有

ファイル共有をする場合に使用します。SMBやNFSでファイルを共有したい場合に使用します。

・Premium ページ BLOB

大きいオブジェクト（サイズの大きいファイル）を格納する用途で使用します。仮想マシンに接続するディスクのスナップショット等の格納先として使用します。

7.4.2.2 冗長性

冗長性はAzureのデータセンターに何かあった場合に備えて、別の場所にオブジェクトのコピー

第7章 Azureの特徴 | 67

をしておき、可用性を上げるためのものです。格納するオブジェクトの重要性を鑑みて設定をします。冗長性にも選択肢があり、いくつかの種類があります。Premiumだと使用できないものもあります。

表7.1: ABSの冗長性

冗長性の名称	略称	Premium 使用可否
ローカル冗長ストレージ	LRS	可能
ゾーン冗長ストレージ	ZRS	可能
geo冗長ストレージ	GRS	不可能
geoゾーン冗長ストレージ	GZRS	不可能

・ローカル冗長ストレージ

基本となる冗長性です。オブジェクトを同一ゾーン内の別ディスクへ3回以上レプリケートしてくれます。ゾーンに何かあった場合、オブジェクトが失われます。

・ゾーン冗長ストレージ

ゾーンをまたいで冗長性を確保します。別のゾーンにオブジェクトがレプリケートされるので、Azureのひとつのデータセンターに何かあった場合でもオブジェクトが保持されます。

・geo冗長ストレージ

別のリージョンにオブジェクトをレプリケートし、レプリケートされたリージョンでもローカル冗長ストレージと同じようにオブジェクトを保持します。大陸レベルでの災害時にもオブジェクトが保持されます。

・geoゾーン冗長ストレージ

リージョンをまたいで、ゾーン冗長ストレージと同様のレプリケートが行われます。ABSの中で一番冗長性が高くなります。

7.4.2.3　本書で利用するストレージアカウント

本書で利用するストレージアカウントは以下の通り設定します。表示項目以外はデフォルトの設定を使用します。

図7.2: 本書のストレージアカウント

基本

サブスクリプション	従量課金
リソース グループ	gijutsushoten15
場所	japaneast
ストレージ アカウント名	gijutsushoten15abs
デプロイ モデル	Resource Manager
パフォーマンス	Standard
レプリケーション	ローカル冗長ストレージ (LRS)

7.4.3　サービスの種類

　ABSでは、ストレージアカウントを介して様々なサービスを利用することができます。サービスは大きく分けて4つあります。次のイメージの通り、サービスアカウントの下に各サービスのインスタンスが用意されます。

図7.3: ストレージアカウント配下のサービス

ストレージアカウント	
Blob Storage	・オブジェクト1 ・オブジェクト2 ・オブジェクト3
Azure Files	・ファイル1 ・ファイル2 ・ファイル3
Table Storage	・テーブル1 ・テーブル2 ・テーブル3
Queue Storage	・キュー1 ・キュー2 ・キュー3

　サービスは4つあり、それぞれを紹介します。

・Blob Storage
テキストやバイナリファイルを保管しておくためのサービスです。本書でメインに扱うサービスになります。「コンテナー」と呼ばれる単位を作成し、その中にオブジェクトを格納します。

・Azure Files

ファイルを共有するためのサービスです。SMBやNFSといったファイルを共有するプロトコルでアプリケーションやサーバー間でファイルの共有をすることができます。

・Table Storage

キーと値がペアになったデータを保管するためのサービスです。NoSQLのデータを頭に浮かべてもらえればわかりやすいです。

・Queue Storage

非同期メッセージを蓄えるためのキューを提供するサービスです。このサービスを利用することで、アプリケーションを非同期に連携することができるようになります。

7.4.4　アクセス層

先ほどクラスの解説をさせていただきましたが、ABSにはクラスという概念がありません。その代わりにアクセス層という考え方が存在します。S3やGCSでいうところのクラスです。ABSのアクセス層には以下の4つがあります。上にいけばいくほどアクセスが早くなりますが、料金が高くなります。最低保持期間はオブジェクトを作成した場合、かかる費用の最小の日数になります。アーカイブにオブジェクトを作成した場合、1日で削除しても180日分の費用がかかります。

表7.2: ABSのアクセス層

アクセス層の名称	最低保持期間
ホット層	なし
クール層	30日間
コールド層	90日間
アーカイブ層	180日間

7.5　無料の範囲

ABSには無料の枠はありません。Azureのアカウント作成後12か月までは、5Gバイトまでのオブジェクトをローカル冗長ストレージで、ホット層に保管する場合は無料で使用できます。本書の操作はアクセス層を一部変更するので、無料の範囲から外れてしまいます。ただ、月額100円は超えない範囲での操作になるのでご安心ください。

第8章 Azure:Azure Blob Storageの基本的な使い方

この章ではABSの基本的な使い方を解説します。実際に使うイメージが湧きやすいよう、スクリーンショットを多めにしています。Webコンソールで操作する方法と、CLIを使用して操作する2種類の方法を解説します。

8.1 ストレージアカウントの作成

まずはWebコンソールを使用する方法から解説します。はじめに、ABSを使用するためのストレージアカウントを作成します。Webコンソールを開き、左上のハンバーガーメニューから「全てのサービス」を選択します。その中のカテゴリーの「ストレージ」の中に「ストレージアカウント」があるのでクリックします。

図8.1: ストレージアカウントの選択

ストレージアカウントのコンソールが開きました。

8.1.1 必要情報の入力

ストレージアカウントのコンソールで「作成」をクリックすると、ウィザードが開きます。ウィザードに従い順に入力を行うことでストレージアカウントが作成されます。

ウィザードが開いたら、まずは課金先とリソースグループを入力します。サブスクリプションが課金先で、ドロップダウンから選択します。当然ですが、使う権限のないサブスクリプションは選択肢にありません。すでに作成済のリソースグループを使う場合は、ドロップダウンから選択します、ここでリソースグループを作成する場合は、「新規作成」をクリックします。本書ではすでに作成済のリソースグループを使用します。

図8.2: プロジェクトの詳細

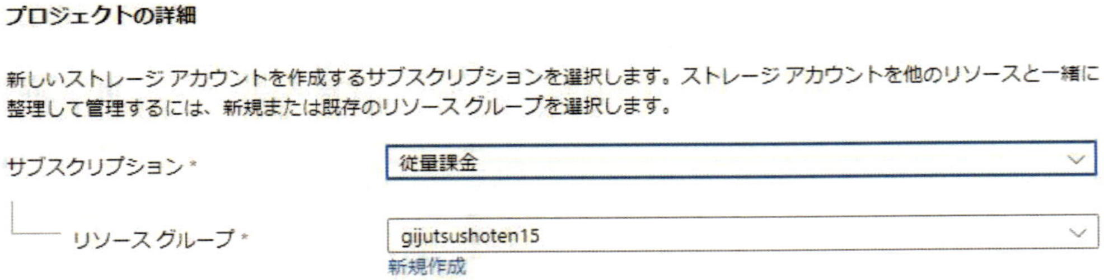

プロジェクトの詳細

新しいストレージアカウントを作成するサブスクリプションを選択します。ストレージアカウントを他のリソースと一緒に
整理して管理するには、新規または既存のリソースグループを選択します。

サブスクリプション *	従量課金
リソースグループ *	gijutsushoten15
	新規作成

　次に、インスタンスの詳細を入力します。ストレージアカウント名はその名の通りにアカウント
の名前です。Azure上で一意である必要がある点に注意してください。

　地域はオブジェクトが作成されるデフォルトのリージョンです。パフォーマンスは前章で説明を
した特定用途で使用するかの選択です。Premiumは用途が決まっている場合に選択します。

　次に冗長性を選択します。

図8.3: インスタンスの詳細

インスタンスの詳細

ストレージアカウント名 ① *	
地域 ① *	(Asia Pacific) Southeast Asia
	エッジゾーンにデプロイ
パフォーマンス ① *	⦿ Standard: ほとんどのシナリオに対して推奨される (汎用 v2 アカウント)
	○ Premium: 低遅延が必要なシナリオにお勧めします。
冗長性 ① *	geo 冗長ストレージ (GRS)
	☑ リージョンが利用できなくなった場合に、データへの読み取りアクセスを行えるようにします。

　最後に、「詳細設定」タブで「Azure portal で Azure Active Directory の承認を既定にする」に
チェックを入れます。これは次章で紹介するアクセス制御のためです。

72　　第8章　Azure:Azure Blob Storage の基本的な使い方

図 8.4: インスタンスの詳細

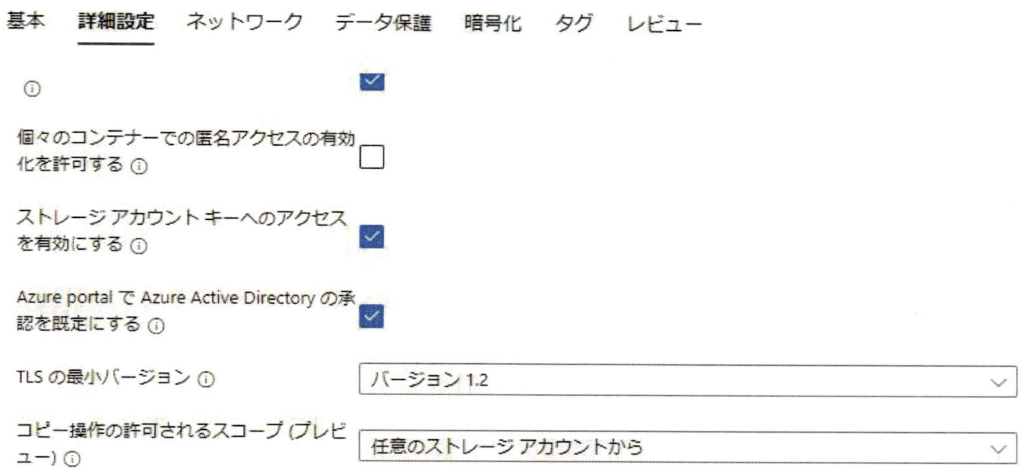

左下の「レビュー」をクリックすると、Azure が検証を行います。検証の結果問題がなければストレージアカウントが作成できるようになり、「作成」ボタンをクリックするとストレージアカウントが設定されます。

図 8.5: レビューボタン

8.1.2 各タブで設定できること

ウィザードの各タブでは詳細な設定をすることができます。全ての項目を解説すると量が半端ないので、ここではどのような設定ができるかを簡単に紹介いたします。

図 8.6: タブの項目

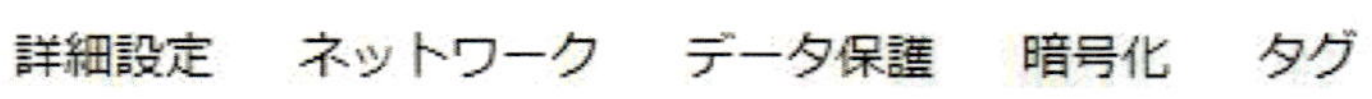

・詳細設定
その名の通り色々な設定ができます。TLSのバージョンや、ファイルにアクセスできる別のストレージアカウントのアクセス許可等のセキュリティー設定、SFTPやNFS等のアクセスプロトコルの設定、アクセス層の設定をすることができます。

・ネットワーク
ストレージアカウント配下にあるオブジェクトへアクセスを許可するネットワークの設定が行え

ます。アクセスできるIPアドレスの制限が行えます。
・データ保護
世代管理やライフサイクルの設定が行えます。
・暗号化
保管するオブジェクトの暗号化方法の設定が行えます。
・タグ
ストレージアカウントにタグをつけることができます。タグをつけることで大量にストレージア
カウントを作る場合に管理が行いやすくなります。

8.2 CLIでの操作

先ほどはWebコンソールで操作をしました。AzureのサービスはCLIで操作することができます。
ABSもCLIで操作が可能なので、ここで紹介します。Azureのサービスを使うための「az」という
コマンドでABSが操作できます。azコマンドは各種OSにインストールできます。PowerShell用の
azが用意されているところが、Microsoftのサービスっぽさがあります。azは「login」サブコマン
ドをすることで認証が行えます。

本書では、すでにazコマンドがインストールされ、認証が終わっているAzure Cloud Shellを使
用して解説します。

8.2.1 Azure Cloud Shellとは

Azure Cloud Shell（以下、Cloud Shell）はazコマンドがすでにインストールされていて、認証
が終わった状態ですぐに使える環境です。ブラウザーで使うことができ、気軽に使えます。Linux
環境のBash、Windows環境のPowerShellのふたつのシェルを選択できます。費用はABSに保管さ
れるオブジェクトの分だけがかかります。使用するとCloud Shell用のストレージアカウントが作成
され、その中にCloud Shellで使用するファイルが保存されます。本書執筆時点では6Gバイトのオ
ブジェクトが作成されていました。

Cloud Shellは、Webコンソールの右上の「>_」のような形のボタンをクリックすることで起動
します。

74 | 第8章 Azure:Azure Blob Storageの基本的な使い方

図 8.7: Cloud Shell ボタン

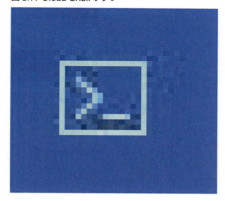

クリックすると、Web コンソールの下の方に Cloud Shell が起動します。

図 8.8: 起動後の Cloud Shell（Bash）

8.2.2 ストレージアカウントを作る

では、実際に CLI を使ってストレージアカウントを作成します。

ABS を操作するには、az コマンドの後ろにサブコマンドの「storage」を指定します。操作の種類に応じて、さらなるサブコマンドを使用することで操作ができます。ストレージアカウントを作るには、「account create」コマンドを使用します。オプションは「--（ハイフン）」をつけて指定します。

文字で説明するよりも、実際のコマンドを見ていただくのが早いです。先ほど Web コンソールで作成したバケットと同様のものを作るコマンドは以下の通りになります。

```
$ az storage account create \
  --name gijutsushoten15abs \
  --resource-group gijutsushoten15 \
  --location japaneast \
  --sku Standard_RAGRS \
  --allow-shared-key-access false\
  --kind StorageV2
```

すでに作成済のストレージアカウントなのでエラーになると思いきや、同じ条件（リージョンや

リソースグループ）が同じ場合、コマンドは正常終了します。異なる条件の場合はエラーとなります。コマンドを連続実行する場合は注意してください。

8.3 コンテナーの作成

次に、オブジェクトを格納するコンテナーを作成していきます。

8.3.1 Webコンソールでの操作

ストレージアカウントのコンソールで、左側のメニューから「コンテナー」をクリックでコンテナーの一覧が表示されます。

図8.9: コンソールメニュー

ストレージアカウントが作成された直後は、「$logs」というコンテナーが作成されています。これは、監視を有効にした際にログが書き込まれるコンテナーです。

コンテナーを作成する場合は、「＋コンテナー」をクリックします。名前を入力し、「作成」をクリックするとコンテナーが作成されます。

図8.10: コンソールメニュー

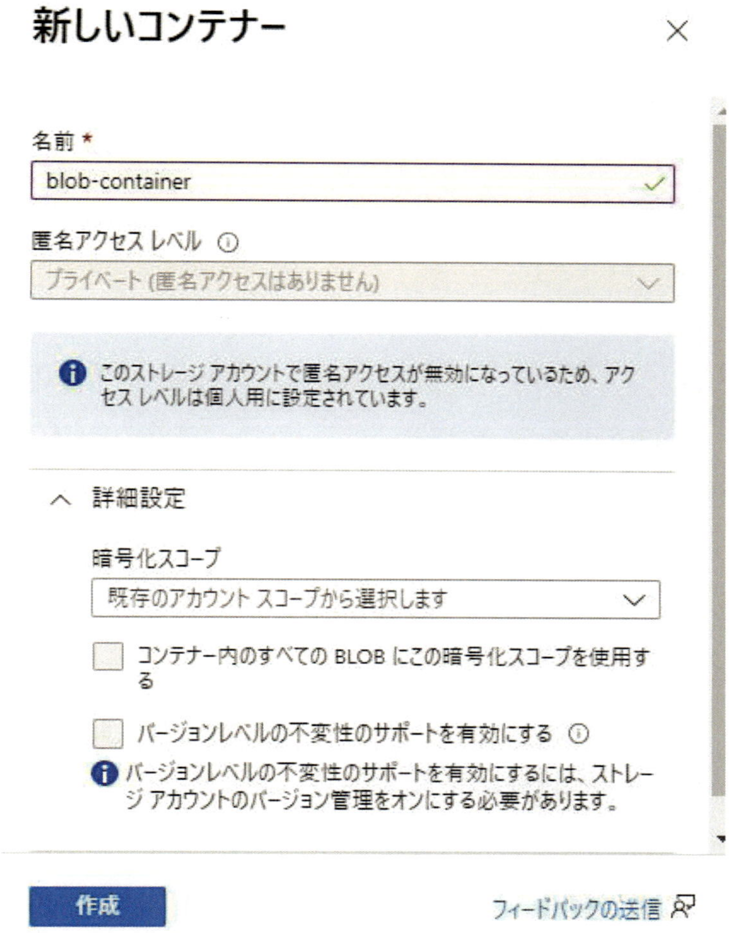

8.3.2 CLIでの操作

同様の操作をCLIでやってみましょう。「container create」コマンドを使用します。Webコンソールのときと同様の操作を行う場合は、以下のコマンドです。

```
$ az storage container create \
    --name blob-container \
    --account-name gijutsushoten15abs
```

すでに同じコンテナーがストレージアカウント内にある場合は、失敗します。

8.4 オブジェクトの操作

これで実際にオブジェクトを操作する準備が整いました。ここから、オブジェクトの操作方法を紹介します。

8.4.1 Webコンソールでの操作

まずはWebコンソールでの操作です。Webコンソールでは、ファイルのアップロード・削除等の操作が簡単に行えます。バケットを操作する専用のコンソールが用意されているので、はじめにバケットのコンソールを開きます。

コンテナーのリストから、対象のコンテナーをクリックすると、コンテナーのコンソールが開きます。

図8.11: コンテナーのコンソール

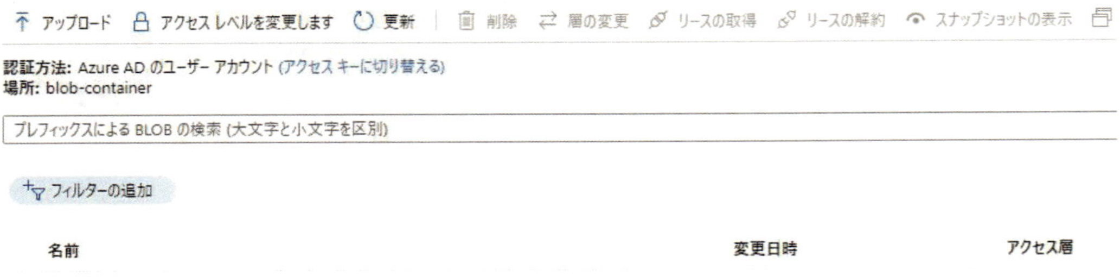

エラーが出る場合

コンテナーのコンソールを開いた際、上部に権限がない旨のエラーが表示される場合があります。その場合は、「ストレージ BLOB データ所有者」の権限を自分自身のアカウント（ログインしているアカウント）に付与する必要があります。ストレージアカウントコンソールの「アクセス制御 (IAM)」をクリックし、「＋追加」→「ロールの割り当てを追加」でロールを検索し、メンバーにご自身のアカウントを設定することで権限の付与が行えます。具体的な手順は第9章をご参照ください。

権限の付与できたら一度サインアウトし、再度ログインをするとエラーが出なくなります。

図8.12: エラー画面

8.4.1.1 オブジェクトの作成（アップロード）

オブジェクトの作成はコンソールの左上の「＋アップロード」をクリックすることで、アップロードのメニューが開きます。ドラッグアンドドロップをすることでファイルの指定ができます。最後に「アップロード」をクリックすることで、オブジェクトのアップロードができます。

図 8.13: アップロード画面

BLOB のアップロード　　　　　　　　　　　　　　✕

> 1 個のファイルが選択されています: upload_new_file
>
> ファイルをこちらにドラッグ アンド ドロップ または ファイルの参照

☐ ファイルが既に存在する場合は上書きする

∧ 詳細設定

BLOB の種類 ⓘ

ブロック BLOB	∨

☑ .vhd ファイルをページ BLOB としてアップロードする (推奨)

ブロックサイズ ⓘ

4 MiB	∨

アクセス層 ⓘ

ホット (推定)	∨

　詳細設定にはアクセス層の設定や、フォルダ階層の指定が行えます。フォルダをドラッグアンドドロップすると、フォルダと共に配下にあるファイルも全てアップロードされます。

BLOBの種類

　ここで、BLOB の種類について少しだけ解説します。オブジェクトは用途に応じて、いくつか BLOB（Binary Large OBject）を選ぶことができます。

・ブロック BLOB

　大きめのファイルを格納するための BLOB です。デフォルトでこちらが使用されます。用途が決まっていない場合はこれを使用します。

・追加 BLOB

　ログファイル等、追記されるタイプのファイルを保管しておくための BLOB です。

・ページ BLOB

　アクセスの早い BLOB です。少し小さめのファイルを保管しておくための BLOB です。

8.4.1.2　オブジェクトの取得（ダウンロード）

　オブジェクトの取得もコンソールで行えます。コンソールでオブジェクト名をクリックするとオブジェクトの詳細画面に遷移するので、そこで「ダウンロード」をクリックすることでオブジェクトが取得できます。

第 8 章　Azure:Azure Blob Storage の基本的な使い方　│　79

図8.14: オブジェクトの詳細画面

8.4.1.3 オブジェクトの削除

オブジェクトの削除もコンソールで行えます。一覧にあるオブジェクト名の隣にあるチェックボックスにチェックを入れ、「削除」をクリックすると確認画面が開き、「OK」をクリックすることで削除されます。

図8.15: オブジェクトの削除

オブジェクトの削除後、削除結果の画面が開きます。

8.4.1.4　フォルダの作成

　フォルダの作成は、ファイルの作成時に詳細設定の「アップロード先のフォルダー」を指定することで作成されます。他には、ローカルのフォルダをドラッグアンドドロップすることでフォルダが作成され、フォルダ配下のファイルもアップロードされます。

　コンソール上でフォルダをクリックすると、フォルダの中のオブジェクト一覧が閲覧でき、そこでオブジェクトの作成を行うとフォルダ配下にオブジェクトが作成されます。

8.4.2　CLIでの操作

　Webコンソールと同様の操作は、az storageコマンドを使うことでCLIで操作できます。

8.4.2.1　オブジェクトの作成（アップロード）

　オブジェクトの作成は、az storageのblob uploadサブコマンドを用いて行います。「--file」オプションにファイルのパスを指定することで、対象のファイルをアップロードすることができます。

　実行例は以下の通りです。空のファイルを作成し、作成したファイルをアップロードしています。

```
$ touch upload_new_file
$ az storage blob upload \
    --file upload_new_file \
    --container-name blob-container \
    --account-name gijutsushoten15abs
```

　オブジェクトの更新も同じコマンドを使用しますが、すでに同じ名前のオブジェクトがある場合はエラーになります。上書きしたい場合は「--overwrite」オプションを付ける必要があります。

```
$ touch upload_new_file
$ az storage blob upload \
    --file upload_new_file \
    --container-name blob-container \
    --account-name gijutsushoten15abs \
    --overwrite
```

　フォルダのアップロードはblob directory uploadコマンドを使用します。「--source」オプションにローカルのフォルダ、「--destination-path」オプションにコンテナー内のフォルダ名を指定します。ローカルフォルダの中のファイルもアップロードしたい場合は、「--recursive」オプションを指定します。

　以下の例はフォルダ（ディレクトリー）を作成し、フォルダ内のファイルと共にアップロードする例です。

```
$ mkdir directory
$ touch directory/upload_new_file
$ touch directory/upload_new_file2
$ az storage blob directory upload \
    --container blob-container \
    --destination-path . \
    --source directory \
    --account-name gijutsushoten15abs \
    --recursive
```

8.4.2.2 オブジェクトの取得（ダウンロード）

オブジェクトの取得は blob download サブコマンドを使用します。「--name」オプションにコンテナー上のオブジェクトの名前を、「--file」オプションにダウンロードしたファイルの名称を指定します。

```
$ ls
$ az storage blob download \
    --container-name blob-container \
    --account-name gijutsushoten15abs \
    --file ./download_file \
    --name upload_new_file
 . . . .
$ ls
download_file
```

8.4.2.3 オブジェクトの削除

オブジェクトの削除は blob delete サブコマンドを使用します。「--name」オプションにコンテナー上のオブジェクトの名前を指定します。削除をする際の確認はないので、注意が必要です。

次の例ではオブジェクトの中身を表示する blob show サブコマンドを最初と最後に使用し、blob delete サブコマンドでオブジェクトが削除されていることを確認しています。

```
$ az storage blob show \
    --container-name blob-container \
    --account-name gijutsushoten15abs \
    --name upload_new_file
 . . .
$ az storage blob delete \
    --container-name blob-container \
    --account-name gijutsushoten15abs \
    --name upload_new_file
$ az storage blob show \
    --container-name blob-container \
    --account-name gijutsushoten15abs \
```

82 | 第8章　Azure:Azure Blob Storage の基本的な使い方

```
    --name upload_new_file

    ...

Operation returned an invalid status 'The specified blob does not exist.'
ErrorCode:BlobNotFound
```

8.4.2.4 その他の操作

ここまでで色々なaz storageのサブコマンドを解説してきました。当然ながら、他にも色々なサブコマンドがあります。ここでは使いそうなサブコマンドを紹介します。

表8.1: その他のサブコマンド

サブコマンド	操作の説明
blob show	オブジェクトの詳細を表示します。
blob list	コンテナーの中身を表示します。
blob download-batch	複数のオブジェクトを一括でダウンロードします。
blob delete-batch	複数のオブジェクトを一括で削除します。

8.5　その他の操作方法

WebコンソールとCLIを使ったオブジェクトの操作について解説してきました。他にもABSではオブジェクトの操作方法が提供されています。

本書では使い方の解説はせず、紹介だけ行います。必要に応じて公式ドキュメントを確認してください。

8.5.1　Azure SDK

ABSをアプリケーションから操作するためのライブラリーがAzure SDKとして提供されています。SDKをプログラムに埋め込むことで、システムの中からオブジェクトを操作することができます。SDKが提供されているプログラミング言語は決まっていて、以下の言語に対応しています。

・C++
・.NET
・Go
・Java
・JavaScript
・Python

詳細は公式ドキュメント[1]をご覧ください。

1.https://azure.microsoft.com/ja-jp/downloads/

第8章　Azure:Azure Blob Storageの基本的な使い方 | 83

8.5.2 REST API

HTTPリクエストでオブジェクトを操作するAPIです。RESTfulサービスとしてAPIが提供されており、HTTPリクエストが送信できればオブジェクトの操作が行えます。

詳細は公式ドキュメント[2]をご覧ください。

2.https://learn.microsoft.com/ja-jp/rest/api/storageservices/blob-service-rest-api

第9章　Azure:アクセス制御

前章では、ABSの基本的な使い方を解説しました。この章ではアクセス制御の方法を解説します。

9.1　アクセス制御方法の種類

コンテナのアクセス制御には以下の3つの方法があります。

・Azure Active Directory（以下、Azure AD）を使った制御

・Shared Access Signature (以下、SAS)を使用した制御

Azure ADを使用して作成したユーザ・グループに対してアクセス権限を付与する方法になります。SASは期間限定のトークンを発行し、トークンを介してアクセスを許可する方法です。

9.1.1　Azure AD

Azure ADはAzureのサービスのひとつで、ユーザ管理を行うサービスです。ユーザの作成や、グループを用いたユーザの階層管理ができます。Azure ADの詳細は本書の主題ではないので割愛します。

本書では、「abs-container-group」というグループを作成し、配下に「abs-azure-user」というユーザを作成してこれらを使って解説を行います。

9.2　Azure ADを使った制御の設定方法

Azure ADを使った制御の設定方法を解説します。Webコンソールによる設定方法とCUIによる設定方法に分けて解説します。

9.2.1　Webコンソールによる設定方法

まずは、Webコンソールで設定する方法です。リソースグループのコンソールから左側にある「アクセス制御（IAM）」をクリックします。コンテナやストレージアカウントではない理由として、Webコンソールで確認する上で、リソースグループ→ストレージアカウントと順に確認する必要があるからです。リソースグループに設定することで、配下のストレージアカウントやコンテナに同様の権限が引き継がれます。

図9.1: アクセス制御（IAM）

右側にアクセス制御のコンソールが開きます。「追加」をクリックするとふたつの選択肢が出るので、上にある「ロールの割り当ての追加」をクリックします。

図9.2: 追加ボタンクリック後

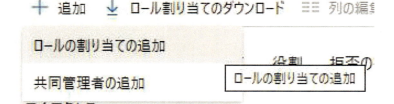

アクセス制御はロール経由で権限の付与を行います。ロールはAzureの権限回りをひとつにまとめたもので、どんな役割かをわかりやすくまとめたものです。ロールにはAzureがあらかじめ必要な権限をまとめたものがあり、便利に使うことができます。自分で権限をひとまとめにしたカスタ

ムロールを作成することもできます。

　ロールは複数あるので、検索しながら付与をします。「ロールの割り当ての追加」をクリックすることでロールの検索が行えます。

図9.3: ロールの割り当ての追加

このリソースへのアクセス権の付与

ロールを割り当てることで、リソースへのアクセス権を
付与します。
詳細情報を見る

ロールの割り当ての追加

　検索窓に「閲覧者とデータ」と入力すると、Azureで用意したロールが検索できます。ここではオブジェクトの参照ができる「閲覧者とデータ アクセス」を選択します。

図9.4: ロールの検索

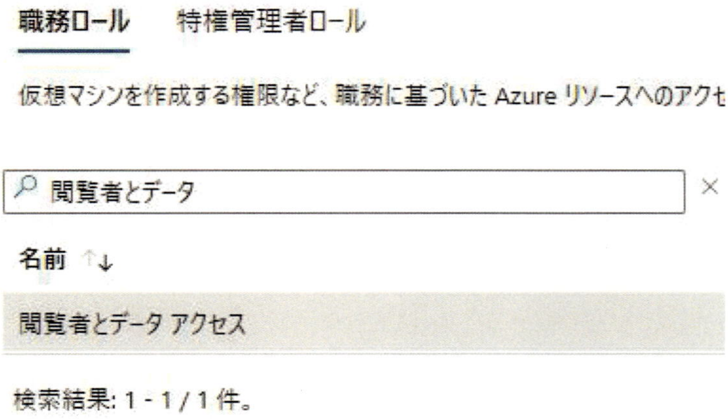

職務ロール　　特権管理者ロール

仮想マシンを作成する権限など、職務に基づいた Azure リソースへのアク

🔍 閲覧者とデータ　　　　　　　　　　　　　　　　✕

名前 ↑↓

閲覧者とデータ アクセス

検索結果: 1 - 1 / 1 件。

　下の方にある「次へ」をクリックすることで、ロールを割り当てる（権限を付与する）対象を設定することができます。

第9章　Azure:アクセス制御 ｜ 87

図9.5: メンバーの追加

選択されたロール	ストレージ BLOB データ閲覧者
アクセスの割り当て先	● ユーザー、グループ、またはサービス プリンシパル ○ マネージド ID
メンバー	＋ メンバーを選択する

名前	オブジェクト ID	種類
メンバーが選択されていません		

アクセスの割り当て先を「ユーザ、グループ、またはサービス プリンシパル」にした状態で「＋メンバーを選択する」をクリックすると、ユーザ・グループを検索するウインドウが右側に開きます。

図9.6: メンバーの検索

ここでは、「abs-container-group」を選択します。下部の「選択」をクリックするとグループが追加されます。「レビューと割り当て」を2回クリックすることで、権限が付与されます。

同様に、コンテナの中身にアクセスするために、「ストレージ BLOB データ閲覧者」のロールを付与する必要があります。先ほどまでと同様の手順を実施して、権限を付与します。

> 条件
> 先ほどの画面に「条件」というタブがありました。より細かいアクセス制御をするために使用するタブになります。たとえば、タグに特定文字列が指定されているものだけ、アクセス制御をかけるといったことができるようになります。

反映後、Chrome等のシークレットモードでAzure ADで作成したユーザ（abs-azure-user）でログインするとリソースグループが表示されるので、クリックします。ストレージアカウントの後、

コンテナをクリックするとコンテナの中身が表示されます。

図9.7: 別のユーザで確認するコンテナコンソール

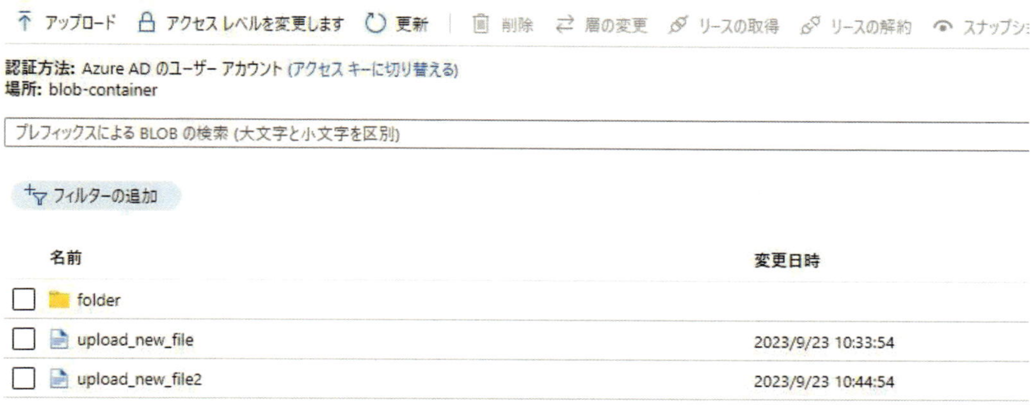

まだ、書き込み権限が付与されていないので、ファイルをアップロードするとエラーになります。

図9.8: 書き込み権限がない

ここまでで、グループに権限を付与してきました。次に、ユーザに対して書き込み権限を付与します。書き込み権限を付与するために、「ストレージ BLOB データ共同作成者」のロールをユーザに対して付与します。操作方法は先ほどグループで付与した方法と同様です。

図9.9: ユーザに付与する権限

第9章　Azure:アクセス制御　　89

付与した後、サインアウトを行い再度ログインした後、コンテナにアクセスしてファイルをアップロードすると書き込み権限が付与されていることを確認できます。

9.2.2 CLIによる設定方法

ここからCLIによるアクセス権限の付与方法を解説します。

9.2.2.1 Cloud Shellを使うための準備

まずはじめに、Azure ADで作成したユーザがCloud Shellを使えるようにする必要があります。今のままだと権限がなくて起動ができません。

権限を付与する対象はCloud Shell用のリソースグループです。リソースグループの一覧を見ると、「cloud-shell-storage-southeastasia」というストレージアカウントが作成されています。

図9.10: 作成されたストレージアカウント

	名前 ↑↓
☐	🔵 cloud-shell-storage-southeastasia
☐	🔵 gijutsushoten15

これはCloud Shellを起動した際に作成されたストレージアカウントで、この配下にCloud Shellで使用するファイルが保管されています。対象のリソースグループをクリックし、「アクセス制御(IAM)」をクリックします。後の手順は同じです。「abs-container-group」に対して、「記憶域ファイル データの SMB 共有の共同作成者」、「閲覧者」、「ディスク スナップショットの共同作成者」のロールを付与します。

図9.11: 付与されたロール

3 個のアイテム (3 個のグループ)

名前	種類	役割	スコープ
∨ ディスク スナップショットの共同作成者			
☐ AB abs-container-group	グループ	ディスク スナップショットの共同作成者 ⓘ	このリソース
∨ 記憶域ファイル データの SMB 共有の共同作成者			
☐ AB abs-container-group	グループ	記憶域ファイル データの SMB 共有の共同作成者 ⓘ	このリソース
∨ 閲覧者			
☐ AB abs-container-group	グループ	閲覧者 ⓘ	このリソース

Cloud Shell用のロールがあればよかったのですが、残念ながらAzureで用意されたロールにはありませんでした。少し余剰なアクセス権限になりますが、上記のロールを付与することでCloud Shellが使えるようになります。ロール名から判断すると、Cloud ShellはABSのファイル共有の機

能を使っていることがわかります。

9.2.2.2 CLIによるアクセス権限の付与

これでCLIでアクセス権限を付与する準備が整いました。では、実際にやってみましょう。と言いたいところですが、CLIで実際に設定するためには、いくつか情報を取得する必要があります。それぞれの情報の取得方法を解説します。

・付与するロールのID

付与するロールのIDを取得する必要があります。公式ドキュメント[1]を使って調べるか、CLIで取得します。

CLIで取得したい場合は、azコマンドの「role definition list」サブコマンドを使用します。「--query」オプションで、表示するものを指定します。デフォルトだとJSON表記なので、どの属性を出力するかのクエリを記述します。「--output」オプションで出力フォーマットを指定します。「--name」オプションは、出力したいロールの名前を指定します。指定しない場合は、全てのリストが表示されます。ただし、名前は英語名で指定する必要があるので、日本語名から調べる場合は公式ドキュメントを参照するのが一番早いです。

以下の例は、「ストレージ BLOB データ閲覧者」のロールのIDを出力した場合です。

```
$ az role definition list \
  --query "[].{name:name, roleType:roleType, roleName:roleName}" \
  --output tsv \
  --name "Storage Blob Data Reader"
2a2b9908-6ea1-4ae2-8e65-a410df84e7d1    BuiltInRole    Storage Blob Data
Reader
```

・付与先のユーザ・グループのID

権限を付与する先のIDの取得の方法です。ユーザとグループで取得の方法が異なります。

ユーザの場合は、「ad user show」サブコマンドを使用します。「--id」オプションにユーザのログインに使用する文字列を指定します。次の例はユーザのIDを表示させる例です。「your@example.com」はご自身のログイン時に使う文字列に変更してください。

```
$ az ad user show \
  --output tsv \
  --query "id" \
  --id your@example.com
055c86bd-be21-4e9b-XXXX-XXXXXXXXXXXX
```

グループの場合は、「ad group show」サブコマンドを使用します。「--group」オプションにグループを指定します。次の例は「abs-container-group」グループのIDを出力しています。

1.https://learn.microsoft.com/ja-jp/azure/role-based-access-control/built-in-roles

```
$ az ad group show \
  --output tsv \
  --query "id" \
  --group "abs-container-group"
64fcd772-e8c0-4eb8-8716-b0b209d33dd8
```

・サブスクリプションの ID

次の付与対象のリソース ID を取得するため、サブスクリプションの ID を取得します。取得は「account list」サブコマンドで取得します。次の例はサブスクリプションの名前と ID を表示します。

```
$ az account list \
  --query "[].{name:name, id:id}" \
  --output tsv
従量課金          ee4b4655-f7ad-4f20-ab11-f678ce882b38
```

・付与対象のリソース ID

権限を付与するリソース（インスタンス）の ID を取得します。リソース ID はルールが決められています。ストレージアカウントを特定する ID は以下のようになります。紙面の都合上、改行しておりますが、実際は改行は含まれません。‖で囲われている部分はご自身の ID に置換が必要です。

```
/subscriptions/{サブスクリプション ID}/
  resourceGroups/{リソースグループ名称}/providers/
  Microsoft.Storage/storageAccounts/{ストレージアカウント名}
```

さて、これで権限アクセス付与に必要な情報が取得できました。実際に CLI を使ってストレージアカウントにアクセス権限を付与してみましょう。Web コンソールのときと同じように、ユーザーグループに対して読み込み権限がある「ストレージ BLOB データ閲覧者」を付与します。ロールの付与には「role assignment create」サブコマンドを使用します。「--assignee」オプションに付与する対象のグループ（or ユーザ）の ID、「--role」オプションに付与するロールの ID を指定します。「--scope」には付与対象のリソース ID を指定します。

```
az role assignment create --assignee "{ユーザかグループの ID}" \
  --role "{ロールの ID}" \
  --scope "{リソース ID}"
```

これで権限が付与されました。では、作成した別のユーザでログインし、Cloud Shell を起動しましょう。「storage blob list」サブコマンドを使用して、コンテナの中身を見てみましょう。

```
az storage blob list \
  --container-name blob-container \
  --account-name gijutsushoten15abs \
  --auth-mode login \
  --query "[].{name:name}" \
  --output tsv
folder/upload_new_file
folder/upload_new_file2
folder/日本語
upload_new_file
upload_new_file2
upload_new_file3
```

　読み取り権限が付与されているので、中身を確認することができました。ユーザに「ストレージ BLOB データ共同作成者」を付与する場合も、同様の手順で付与できます。

「閲覧者とデータアクセス」の権限は？

　CLIで実行した場合、「閲覧者とデータアクセス」のロールを付与しませんでした。「閲覧者とデータアクセス」ロールはWeb コンソールでのみ必要なロールになります。理由として、Web コンソールの場合、リソースグループからストレージアカウントを開きコンテナにアクセスする必要があります。故にリソースグループを表示する権限が必要になり、「閲覧者とデータアクセス」のロールを割り当てる必要がありました。CLIの場合は直接コンテナにアクセスができるので、このロールが不要になります。

第9章　Azure:アクセス制御　93

第10章　Azure:世代管理

　前章では、アクセス制御の方法を解説しました。この章ではABSで世代管理の設定をする方法、過去世代のファイルを取り出す方法を解説します。世代管理をすることで、バックアップの要件を満たしたり、人による誤削除されたオブジェクトのリカバリが容易にできます。

10.1　設定の仕方

　ABSでは世代管理をバージョン管理と表現します。世代管理の設定はストレージアカウントに対して行います。配下のコンテナに対して設定が反映されます。

　ひとつ注意してほしいのが、世代管理のみの設定だと無限に世代管理が行われます。その分費用が膨らみますので、次章で紹介するライフサイクルの設定か、ABSに用意されている経過した日付で自動削除される機能を有効にしてください。

10.1.1　Webコンソールで設定する方法

　はじめに、Webコンソールで設定する方法を解説します。

　ストレージアカウントのコンソールを開き、左側にあるメニュー一覧の「データ管理」セグメントの「データ保護」で世代管理の設定を行います。クリックをすると、データ保護用の設定項目が開きます。

図10.1: データ保護

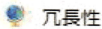

少し下の方にある、「追跡」セグメントの「BLOBのバージョン管理を有効にする」にチェックを入れると、世代管理が有効になります。

図10.2: バージョン管理の設定

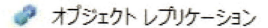

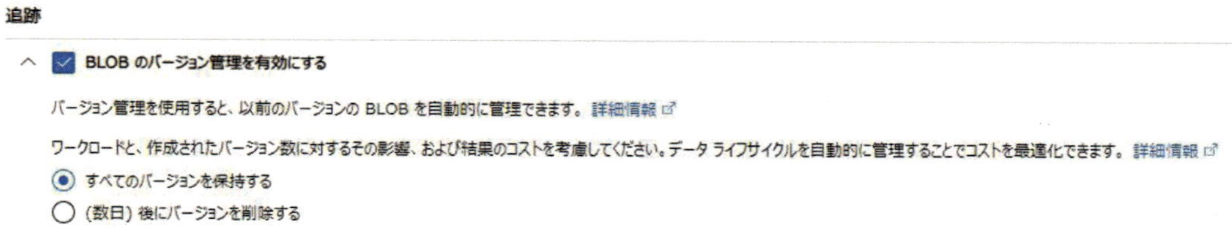

その下にある「(数日) 後にバージョンを削除する」にチェックを入れると、世代管理したオブジェクトが指定した日数後に削除されるようになります。要件にもよりますが、世代管理されたオブジェクトが無限に作成されるので、設定を入れることをお勧めします。本書では解説の都合上、チェックを外してあります。

図10.3: 自動削除の設定

最後に下部の「保存」をクリックすると、世代管理の設定は完了です。

10.1.2 CLIで設定する方法

ここからは同様の設定をCLIで行う方法を解説します。

世代管理の設定はazの「storage account blob-service-properties update」サブコマンドを使用します。「--resource-group」、「--account-name」はリソースグループと対象のストレージアカウントの名前を指定します。「--enable-versioning」で世代管理をするかどうかの設定です。trueで有効、falseで無効です。

```
$ az storage account blob-service-properties update \
    --resource-group gijutsushoten15 \
    --account-name gijutsushoten15abs \
    --enable-versioning true
```

CLIではWebコンソールで設定したときと違い、自動削除の設定はできません。次章で解説しますが、Webコンソールでは世代管理の設定と同時にライフサイクルの設定が行われています。

10.2 世代管理したオブジェクトの操作方法

ここからは世代管理が設定されたストレージに対し、どのように過去世代のオブジェクトが操作できるかを解説します。今までと同様に、Webコンソールで操作する方法とCLIで操作する方法を解説します。

10.2.1 過去世代のオブジェクトの取得

過去世代のオブジェクトの取得方法を解説します。本書の解説で使用するオブジェクトは、2回オブジェクトの更新をしています。

10.2.1.1 Webコンソールで取得する

コンテナのコンソールを開き、過去世代のオブジェクトを取得したオブジェクトをクリックします。詳細が表示されるので、「バージョン」タブをクリックします。クリックすると、過去世代の一覧が表示されます。

図10.4: バージョンタブ

この画面で、取得したい世代の右側の三点リーダーをクリックして「ダウンロード」をクリックすると、対象の過去世代オブジェクトがダウンロードできます。

図10.5: ダウンロード

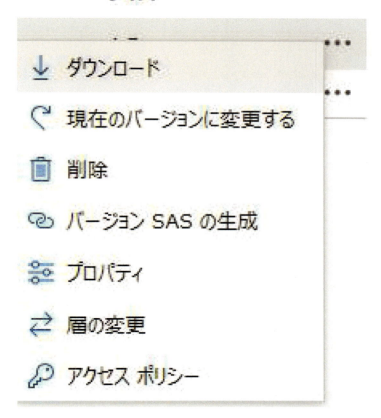

10.2.1.2　CLIで取得する

同様に、過去世代をCLIで取得する方法を解説します。

過去世代のリストを見るためには、「storage blob list」サブコマンドを使用します。過去世代も

第10章　Azure:世代管理　　97

含めて表示するためには、「--include」オプションに「v」指定します。次のコマンドの例は、過去
世代を含めてコンテナの中身を表示している例です。「--prefix」オプションは、表示するオブジェク
トをフィルターするためのオプションです。先頭が一致しているものだけを表示しています。

```
$ az storage blob list \
    --container-name blob-container \
    --query "[[].{Name:name, VersionID:versionId}]" \
    --prefix "upload_new_file" \
    --include v \
    --account-name gijutsushoten15abs \
    --output json
・・・
[
  [
    {
      "Name": "upload_new_file",
      "VersionID": "2023-10-01T08:19:02.4369079Z"
    },
    {
      "Name": "upload_new_file",
      "VersionID": "2023-10-01T08:19:27.3096588Z"
    },
    {
      "Name": "upload_new_file",
      "VersionID": "2023-10-07T02:14:10.1800235Z"
    },
    {
      "Name": "upload_new_file",
      "VersionID": "2023-10-07T02:14:26.4451776Z"
    },
    {
      "Name": "upload_new_file2",
      "VersionID": null
    },
    {
      "Name": "upload_new_file3",
      "VersionID": null
    }
  ]
]
```

　過去世代があるものには、「versionId」属性がついています。最新世代しかないオブジェクトに
はこの属性はつきません。IDというか、実際にオブジェクトが作成された時刻がGSTで付与されて
います。
　過去世代のオブジェクトを使用する際も、「storage blob download」サブコマンドを使用します。
前回との違いは、「--version-id」オプションを指定する点です。オプションに先ほど取得したIDを
指定することで、対象の過去世代を取得できます。

次の例は、先ほどのIDを使用して過去世代のオブジェクトを使用する例です。

```
$ az storage blob download \
   --container-name blob-container \
   --account-name gijutsushoten15abs \
   --file ./download_file \
   --version-id "2023-10-07T02:14:10.1800235Z" \
   --name upload_new_file
```

10.2.2　過去世代のリストア

　過去世代を現行バージョンにしたい場合は、一度過去世代のオブジェクトを取得してそのファイルを再度アップロードをすることで現行バージョンにすることができます。Webコンソールの場合は、バージョンのタブから一発でリストアが行えます。

　リストアしたい過去世代の右側にある三点リーダーより、「現在のバージョンに変更する」をクリックすると過去世代のリストアができます。確認のメッセージ等はないので注意してください。

図10.6: 現在のバージョンに変更する

第10章　Azure:世代管理　99

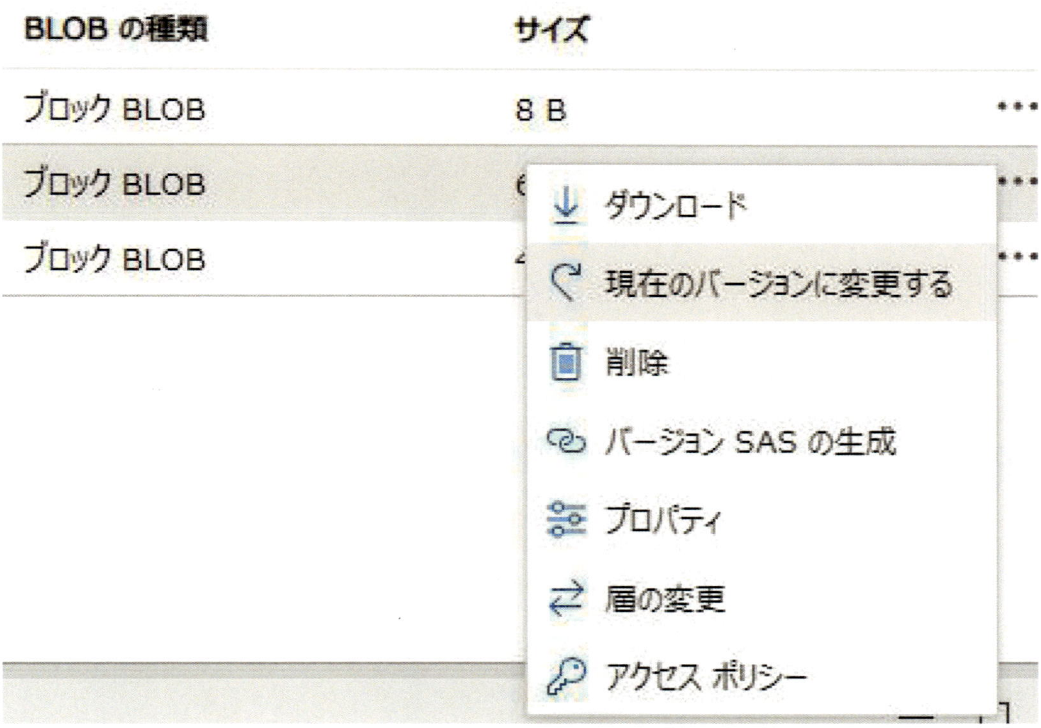

10.2.3 過去世代の削除

最後に、過去世代の削除方法を解説します。過去世代は無限に作成されます。削除を忘れないようにしてください。もしくは、一定期間経過したら削除する機能をオンにしてください。

10.2.3.1 Webコンソールで削除する

Webコンソールで削除するには、バージョンタブから行います。削除したい過去世代の右側にある三点リーダーより、「削除」をクリックすることで削除できます。

図10.7: 削除

確認ボタンがポップアップされるので、「はい」をクリックすることで削除されます。

図10.8: 確認画面

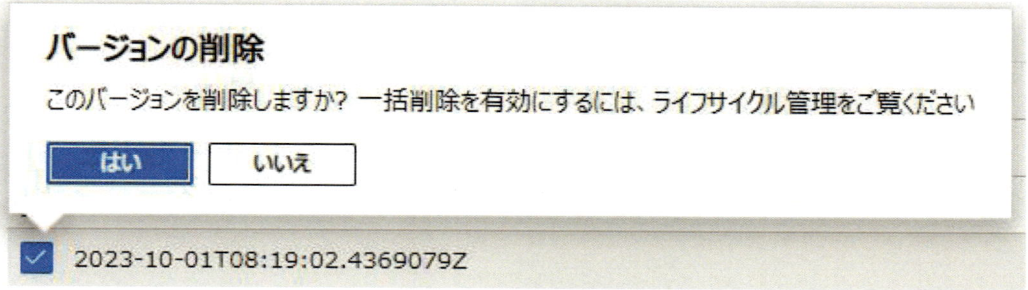

10.2.3.2　CLIで削除する

　CLIで削除するには、CLIのプレビュー機能を有効にする必要があります。（2023年10月現在）有効にするには以下のコマンドを実行します。

```
$ az extension add --name storage-blob-preview
The installed extension 'storage-blob-preview' is in preview.
```

　削除には「storage blob delete」サブコマンドを使用します。オプションの「--version-id」を指定することで削除が行えます。先ほどプレビュー機能を有効にしたのは、この「--version-id」のオプションを指定するためです。現在一般提供されているバージョンのCLIで実行した場合、このオプションでエラーになります。

```
$ az storage blob delete \
    --container-name blob-container \
    --account-name gijutsushoten15abs \
    --name upload_new_file \
    --version-id "2023-10-07T02:14:10.1800235Z"
```

10.2.4　現行バージョンを削除した後の操作

　世代管理の設定をしている場合、現行バージョンを削除しても過去の世代は管理されています。削除されたオブジェクトを確認する方法を解説します。

10.2.4.1　Webコンソールで確認する

　Webコンソールでは現行バージョンを削除すると表示されなくなります。表示したい場合は、コンテナのコンソールで「削除されたBlobを表示」をオンにします。過去世代を含めた全てのオブジェクトが表示されるようになります。

第10章　Azure:世代管理　　101

図10.9: 削除されたBlobを表示

削除された Blob を表示

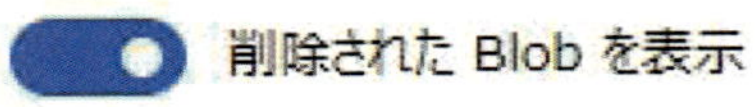

　現行バージョンが削除されているオブジェクトは、状態が「以前のバージョン」になっているのがわかります。

図10.10: 以前のバージョン

名前	状態
📁 folder	
📄 upload_new_file	✓ 現在のバージョン
📄 upload_new_file2	◔ 以前のバージョン
📄 upload_new_file3	✓ 現在のバージョン

10.2.4.2　CLIで確認する

　CLIで確認する場合は、先ほど紹介したstorage blob listサブコマンドを使うことで表示されます。先ほど紹介した方法と同様のコマンドで確認できます。

第11章　Azure:ライフサイクル管理

前章では、世代管理の機能を解説しました。その際、少し触れていたライフサイクルについて、この章では解説していきます。

11.1　ライフサイクル管理ポリシー

ABSではライフサイクルを設定する「ライフサイクル管理ポリシー」と呼ばれるものを設定します。ライフサイクル管理ポリシーは対象とするオブジェクトの範囲、ライフサイクル管理する条件、アクションの設定、フィルター条件の設定が行えます。

11.1.1　対象

ライフサイクル管理ポリシーを適用する対象を決めます。ライフサイクル管理ポリシーはストレージアカウントに対して適用されるのですが、後述するフィルター機能で対象とするコンテナーやオブジェクトをコントロールできます。

ABSには読み取り専用のオブジェクトであるスナップショットという概念があり、スナップショットを対象としたり、前章で紹介した世代管理しているオブジェクトを対象にするかの選択ができます。

11.1.2　条件

次にアクションを発動させる条件を設定します。条件には次の3つが設定できます。
・BLOBが作成された後の日数
オブジェクトが作成されてから何日経過したかの条件です。
・BLOBが最後に変更された後の日数
オブジェクトが変更されてから何日経過したかの条件です。
・BLOBが最後にアクセスされた後の日数
オブジェクトに最後にアクセスされてから何日経過したかの条件です。この条件を使用する場合は、ストレージアカウントの最終アクセスの追跡を有効にする必要があります。

11.1.3　アクション

条件を満たしたオブジェクトにどんな操作をするのかを指定します。コールドストレージやアーカイブストレージ等へのアクセス層の移動、オブジェクトの削除が指定できます。

11.1.4　フィルター

ライフサイクル管理ポリシーはストレージアカウントに対して設定します。フィルターはコンテ

第11章　Azure:ライフサイクル管理　103

ナーを限定してライフサイクルを指定したい場合に使用します。フィルターに設定した文字列に前方一致したオブジェクトに対して、ライフサイクルが適用されます。

11.2 Webコンソールで設定する方法

さて、実際にライフサイクルを設定する方法を解説します。まずはWebコンソールでライフサイクルを設定する方法です。Webコンソールでは、バケットのコンソールの管理タブで設定します。ストレージアカウントのコンソールから「データ管理」カテゴリーにある、「ライフサイクル管理」をクリックすることで設定できます。

図11.1: ライフサイクル管理

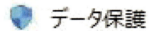
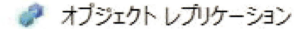
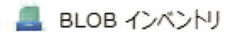

人によってはすでにひとつのポリシーが作成されています。これは世代管理を有効にする際に「(数日) 後にバージョンを削除する」にチェックを入れた場合に自動で作成されたポリシーです。

「ルールの追加」をクリックすると、ウィザードが開きます。

図11.2: ルールの追加

ウィザードでは、まずは規則名を設定します。

図11.3: 規則名

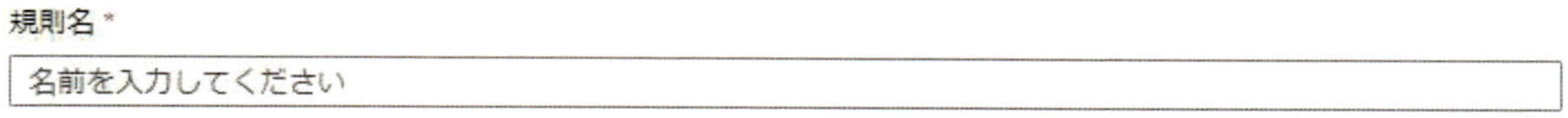

次に規則の範囲を設定します。これはライフサイクルを指定する範囲の設定です。選択肢はストレージアカウント配下のコンテナーとオブジェクト全てに設定するか、もしくはフィルターを用いるかの選択です。フィルターを使用する場合は、ウィザードにフィルターのタブが増えます。

図11.4: 規則の範囲

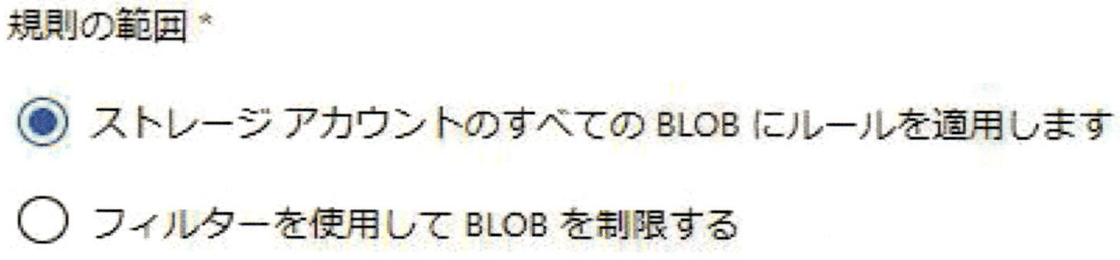

引き続きライフサイクルを適用する対象を指定していきます。「ブロックBLOB」がこれまで使用していたものです。

図11.5: BLOBの種類

対象の最後にサブタイプを指定します。ここのチェックを増やした場合、ウィザードのタブが追加されます。サブタイプ毎に条件とアクションを設定します。本書では世代管理されたオブジェクトである「バージョン」にチェックを入れます。現行世代に対して条件とアクションを指定したい場合は「基本BLOB」に、読み取り専用のスナップショットに対して指定したい場合は「スナップ

第11章　Azure:ライフサイクル管理　105

ショット」にチェックを入れます。

図11.6: サブタイプ

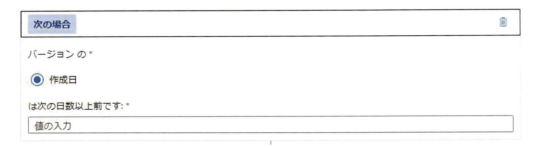

次に、アクションと条件の設定を行います。ウィザードのタブを遷移させます。本書では「バージョン」のタブで設定を行います。「次の場合」となっているところが条件です。バージョンの場合、作成日と最後にアクセスされた日からの経過日を設定できます。本書では作成日（過去世代が作成された日）から3日間の条件にしています。

図11.7: 条件の指定

最後にアクションの設定です。「結果」となっているところがアクションの設定です。アクションは選択式になっており、本書では「BLOBバージョンの削除」を指定します。

図11.8: 条件の指定

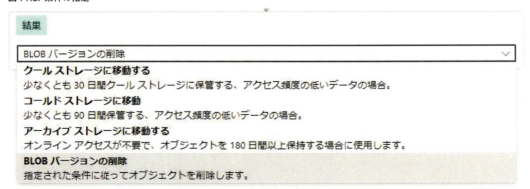

最後に、下部にある「追加」をクリックすることでポリシーが設定されます。

11.3　CLIで設定する方法

先ほどと同様のポリシーをCLIで設定する方法を解説します。CLIでのポリシーの設定はJSON型式のファイルを使用します。設定ファイルの書き方と設定の仕方を解説します。

11.3.1　ライフサイクル管理ポリシー

ライフサイクル管理ポリシーはJSON型式で作成します。先ほどWebコンソールで設定したポリシーと同じ内容をCLIで設定する場合の設定ファイルは、以下の通りとなります。注意が必要なのは、複数のポリシーを設定する場合でもひとつのファイルに記述する必要があるというところです。"rules"属性が配列になっているので、その中にポリシーを記述したオブジェクトを追記する形で追加していきます。

```json
{
  "rules": [
    {
      "enabled": true,
      "name": "lificycle-policy",
      "type": "Lifecycle",
      "definition": {
        "actions": {
          "version": {
            "delete": {
              "daysAfterCreationGreaterThan": 3
            }
          }
        },
        "filters": {
          "blobTypes": [
            "blockBlob"
          ]
        }
      }
    }
  ]
}
```

ファイルにすると複雑ですが、実際は先ほどのウィザードと同じ内容になっています。簡単なマッピングを次の図で解説します。

第11章　Azure:ライフサイクル管理　│　107

図11.9: 設定ファイルの可視化

階層	要素
ルート	
rules	配列：複数設定可能
enabled	ポリシーを有効にするかどうか
name	ポリシーの名称（一意）
definition	
actions	アクションの定義
version	サブタイプがバージョン（過去世代）
delete	削除のアクション
daysAfterCreationGreaterThan	作成から何日後に削除するかの条件
filters	ポリシーを適用させる対象の定義
blobTypes	配列：BLOBの種類
blockBlob	ブロックBLOB
・・・	

このように整理してみると、先ほどのウィザードと大差ないのが確認できます。

11.3.2　ルールの設定

設定ファイルを作成したら、「account management-policy create」サブコマンドを使用してライフサイクル管理ポリシーを設定します。オプションはこれまでに出てきたリソースグループと対象とするストレージアカウントです。

以下の実行例は、ライフサイクル管理ポリシーのファイルを出力してポリシーを設定する例です。全てのポリシーが上書きされるので注意してください。

```
$ cat <<EOF > lifecycle-rule.json
{
  "rules": [
    {
      "enabled": true,
      "name": "lificycle-policy",
      "type": "Lifecycle",
      "definition": {
        "actions": {
          "version": {
            "delete": {
              "daysAfterCreationGreaterThan": 3
            }
```

108　第11章　Azure:ライフサイクル管理

```
          }
        },
        "filters": {
          "blobTypes": [
            "blockBlob"
          ]
        }
      }
    }
  ]
}
EOF
$ az storage account management-policy create \
    --account-name gijutsushoten15abs \
    --policy @lifecycle-rule.json \
    --resource-group gijutsushoten15
・・・
```

11.3.3　ルールの確認

ルールをCLIで確認する場合は、「account management-policy show」サブコマンドを使用します。以下は実行例です。

```
$ az storage account management-policy show \
    --account-name gijutsushoten15abs \
    --resource-group gijutsushoten15
・・・
{
  "id": ・・・,
  "lastModifiedTime": "2023-10-15T01:57:28.679156+00:00",
  "name": "DefaultManagementPolicy",
  "policy": {
    "rules": [
      {
        "definition": {
          "actions": {
            "baseBlob": null,
            "snapshot": null,
            "version": {
              "delete": {
                "daysAfterCreationGreaterThan": 3.0,
                "daysAfterLastTierChangeGreaterThan": null
              },
              "tierToArchive": null,
              "tierToCold": null,
              "tierToCool": null,
              "tierToHot": null
            }
```

```
        },
        "filters": {
          "blobIndexMatch": null,
          "blobTypes": [
            "blockBlob"
          ],
          "prefixMatch": null
        }
      },
      "enabled": true,
      "name": "lificycle-policy",
      "type": "Lifecycle"
    }
  ]
},
"resourceGroup": "gijutsushoten15",
"type": "Microsoft.Storage/storageAccounts/managementPolicies"
}
```

先ほど設定したポリシーが確認できます。

11.3.4　ルールの削除

ルールをCLIで削除する場合は「account management-policy delete」サブコマンドを使用します。以下は実行例です。

```
$ az storage account management-policy delete \
    --account-name gijutsushoten15abs \
    --resource-group gijutsushoten15
・・・・
$ az storage account management-policy show \
    --account-name gijutsushoten15abs \
    --resource-group gijutsushoten15
(ManagementPolicyNotFound) No ManagementPolicy found for account
gijutsushoten15abs
Code: ManagementPolicyNotFound
Message: No ManagementPolicy found for account gijutsushoten15abs
$
```

ポリシーが削除されているのが確認できます。

第12章 Google Cloudの特徴

この章からはGoogle Cloudについて解説します。いくつか他のサービスにはない特徴があるので、はじめに解説します。

12.1 課金設定

Google Cloudでは、明示的に課金設定をする必要があります。課金設定を行わないとクレジットカードの情報を登録していても課金は発生しません。無料の範囲外のサービスを使用する場合は課金設定を行ってください。無料の範囲については、「12.4 無料の範囲」をご参照ください。

12.1.1 請求先アカウント

Google Cloudでは「請求先アカウント」という概念があり、課金の管理を行います。後述するプロジェクト単位での課金管理が行えます。プロジェクトについては「12.2 プロジェクトについて」をご参照ください。

図12.1: 請求先アカウント

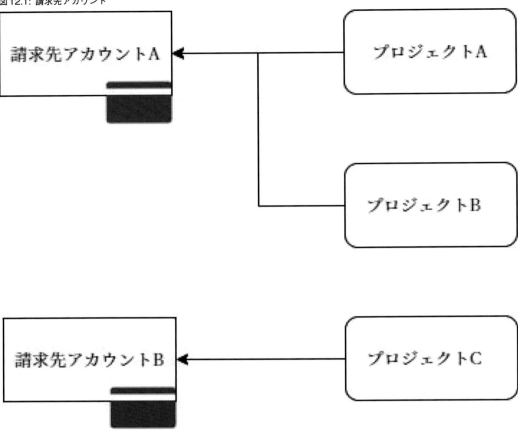

　図のように請求先アカウントを紐づけると、プロジェクトAとプロジェクトBで使用した分の課金は請求先アカウントAへ請求されます。プロジェクトCの使用した分の課金は、請求先アカウントBへ請求されます。
　個人で使用する場合はあまり意識する必要はないのですが、会社などの組織でする場合に細かい設定が行えます。たとえば、事業部単位で請求の単位を分けたい場合に使用できます。

12.2　プロジェクトについて

Google Cloudでは、全てのリソースが「プロジェクト」配下に作成されます。

図12.2: プロジェクト

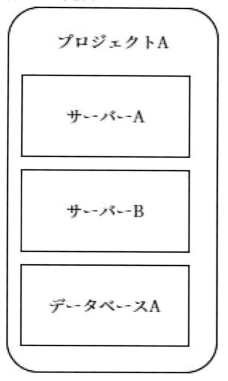
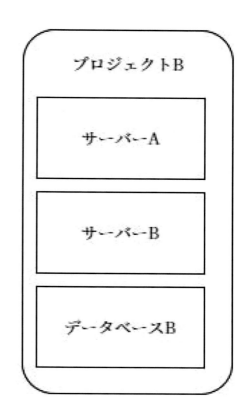

　図のように、サーバーインスタンスやデータベースインスタンスはプロジェクト配下に作成されます。プロジェクトAのサーバーAとプロジェクトBのサーバーAは同じ名前ですが、別のインスタンスになります。

12.2.1　プロジェクトの削除

　プロジェクトを削除する場合、配下にある全てのリソースも同時に削除されるので注意してください。テスト的に使用する場合は、プロジェクトを削除すればリソースの削除漏れがなくなるので活用してください。

12.3　Google Cloudのオブジェクトストレージサービス

　Google CloudではGoogle Cloud Storage（以下、GCS）という名称でオブジェクトストレージサービスが提供されています。GCSはマネージドサービスで提供されるので、サーバーの管理は必要ありません。

12.3.1　GCSのクラス

　GCSには以下の4つのクラスが存在します。上の方がアクセスが早く、費用の高いクラスです。

表 12.1: GCS のクラス

ストレージクラス	最小保存期間	API で指定する文字列
Standard ストレージ	なし	STANDARD
Nearline ストレージ	30 日	NEARLINE
Coldline ストレージ	90 日	COLDLINE
Archive ストレージ	365 日	ARCHIVE

　最小保存期間とは、ファイルを保存した場合の最小の利用料金です。たとえば、Nearline ストレージにファイルを 15 日保管した後に削除しても、30 日保管した場合と同じ費用が発生します。利用するクラスを決める目安にもなります。3 か月に一度アクセスするファイルであれば、Coldline ストレージが候補になります。

　API で指定する文字列は、GCS を操作する API や CUI で指定する文字列です。API を使って Nearline ストレージにファイルを保管したい場合は、「NEARLINE」を指定します。

12.3.2　ファイルやディレクトリーの名称

　GCS では保管するファイルのことを「オブジェクト」と呼称します。階層化のためのディレクトリーは「フォルダ」と呼称します。本書でも、これ以降はオブジェクトとフォルダという表現を使用します。

フォルダは実は存在しない

　GCS では、実はフォルダは存在しません。オブジェクトの名称にパスを入れて保管し、ユーザがアクセスするツールであたかもフォルダがあるようにシミュレートしているだけになります。

12.3.3　バケット

　フォルダやオブジェクトは「バケット」と呼ばれるリソースの中に作成する必要があります。バケットの名称は Google Cloud の中で**一意**である必要があります。また、バケットの名称は**一般公開される**ため、個人や顧客の情報を示す情報を絶対に入れないようにしてください。

　バケットにはデフォルトのストレージクラスを設定でき、特に指定されていないオブジェクトはデフォルトのストレージクラスに保管されます。

12.3.4　データの保管場所と冗長化

　バケットは作成時にデータの保管場所を決める必要があります。ここで設定した保管場所は変更することはできません。また、バケット作成時に保管先の冗長性を指定する必要があります。指定できるパターンは以下の通りです。

114　第 12 章　Google Cloud の特徴

表12.2: [冗長性

指定できる冗長性	説明
Multi-region	大陸レベルで冗長性を確保します。ふたつ以上のリージョンへオブジェクトが保管されます。「南米アメリカ」「ヨーロッパ」「アジア太平洋」の3種類が選びます。
Dual-region	ふたつのリージョンを指定して冗長性を確保します。指定できるペアはある程度限られています。
Region	冗長性を確保せず、単一リージョンにオブジェクトが保管されます。

12.4　無料の範囲

　GCSでは、無料で使用できる範囲があります。無料で利用できるのは以下の条件を満たす場合で、範囲を超えた分は費用が発生します。

・米国リージョン（us-east1、us-west1、us-central1）で冗長性はRegionを指定する

・保管するオブジェクトは月に5GBまで

・ストレージクラスはStandard ストレージ

・オブジェクトに対する操作は作成・更新が月5000回まで、オブジェクトの取得やメタデータの情報取得が50000回まで

第13章 Google Cloud:GCSの基本的な使い方

この章では、GCSの基本的な使い方を解説します。Webコンソールで操作する方法と、CUIを使用して操作する方法を解説します。

13.1 バケットの作成

まずは全ての基本となるバケットの作成についてです。作成時にしか設定できない項目もあるので、解説していきます。

Google CloudのWebコンソールを開き、ナビゲーションメニューから「ストレージ」―「Cloud Storage」でGCSのコンソールが開きます。上部にある「バケットの作成」をクリックすると、作成のメニューが開きます。

作成はウィザード的に順を追って設定を行っていきます。以下の画像のように、大まかな見積もりが右側に出ます。

図13.1: バケットの作成

13.1.1 バケットに名前をつける

はじめにバケットに名前をつけます。バケット名は後から**変更できません**。注意して設定してください。

13.1.2 データの保存場所の選択（冗長性の選択）

　次に、データの保存場所を設定します。保存場所と共に冗長性の設定を行います。保存場所と冗長性は後から**変更できません**。Dual-regionを選択すると、見積もりの料金が2倍になっているのが確認できます。

図13.2: Dual-regionの費用

現在の構成: Dual-region / Standard

項目	料金
asia-northeast1 (東京)	$0.023/GB/月
asia-northeast2 (大阪)	$0.023/GB/月

13.1.3 デフォルトのストレージクラスを選択する

　オブジェクトを格納するデフォルトのクラスを選択します。日本語の通り、オブジェクトを何も指定せず作成した場合に格納されるストレージのクラスになります。

13.1.4 アクセスを制御する方法を選択する

　バケットのアクセス制御の設定を行います。制御の方法は変更が可能ですが、均一を設定して90日が経過すると変更ができなくなるので、注意してください。

13.1.4.1 均一
　バケット配下のオブジェクトに対して均一なアクセス制御を行います。オブジェクト毎の単位でなく、バケットに対して設定される権限になります。Google CloudのIAM（ユーザ管理の仕組み）を使用してアクセス権限を行います。

第13章　Google Cloud:GCSの基本的な使い方 | 117

図13.3: 均一のアクセス制御

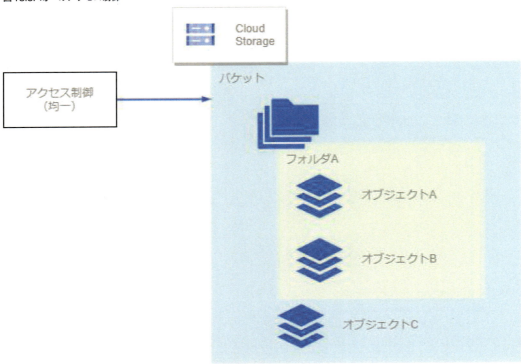

　オブジェクトの読み取り許可や削除許可など、細かい設定が可能です。細かい設定が不要な場合、よく使う権限がひとまとめになったロールがGoogle Cloudによって用意されています。ロールは「Storageオブジェクト作成者」や「Storageオブジェクト閲覧者」など、わかりやすい名称がついています。

13.1.4.2　きめ細かい管理

　上記、均一のアクセス制御に加え、アクセス制御リスト（Access Control List＝以下、ACL）を用いて、オブジェクト単位のアクセス制御を行います。オブジェクト単位での管理になるので、複雑になりますが、より細かいアクセス制御が可能です。ACLについては第14章「Google Cloud:アクセス制御」で詳細な解説を行います。

図13.4: 均一のアクセス制御

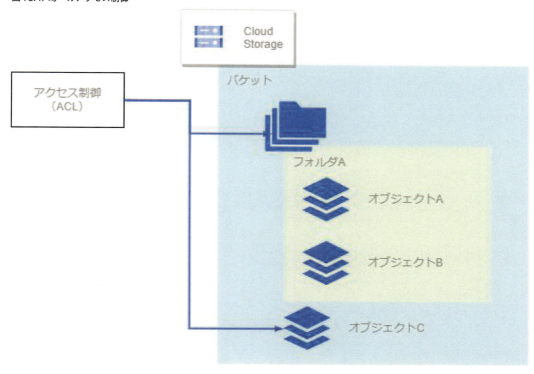

13.1.4.3　公開アクセスの禁止

チェックを入れると、オブジェクトを一般公開することができなくなります。これは操作を誤ってオブジェクトが一般公開されることを防ぐ機能になります。

> **公開アクセス**
>
> 　GCSでは、オブジェクトをWebサーバーにホスティングすることができます。この機能を「公開アクセス」と呼びます。公開アクセス機能を使用すると、Webサイトで読み込む静的な画像のデータなどをGCSに入れておくことができます。公開アクセスは世界中の誰でもアクセスできるオブジェクトになるため、誤って設定されることを防ぐ機能が備わっています。

13.1.5　データを保護する方法を選択する

データを保護する方法を選びます。

13.1.5.1　オブジェクトのバージョニング

バージョニングとは世代管理のことです。こちらの詳細は、第15章「Google Cloud:世代管理」で詳細に解説します。

13.1.5.2　保持ポリシー

オブジェクトが作成・変更された際、一定期間削除や変更ができなくなる機能です。

13.1.6　本書での構成

本書では以下の通り設定します。同じバケット名は使用できないので、ご容赦ください。

図 13.5: 本書での設定

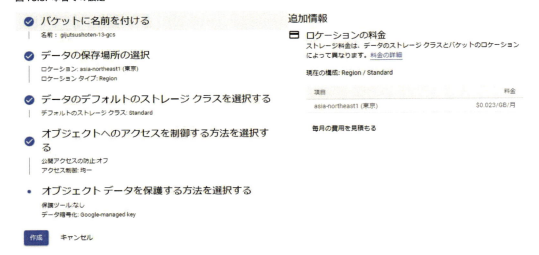

13.2　CUIでの操作

先ほどはWebコンソールで操作をしました。GCSにはCUIで操作するための「gsutil」というコマンドが用意されています。gsutilは各種OSにインストールできます。インストール後、認証を行うことでGCSの操作が行えるようになります。

本書では、すでにgsutilがインストールされているCloud Shellを使用して解説します。

13.2.1　Cloud Shellとは

Cloud Shellはブラウザー上で使える、Linux Shellの実行環境です。gsutilのようにGoogle Cloudが操作できるユーティリティがあらかじめインストールされています。無料で使用できるので積極的に使っていきましょう。gsutilに関してはすでに認証が終わっているので、すぐに使うことができます。

Cloud Shellは、Webコンソールの上部にあるコマンドアイコンをクリックすると起動します。Cloud Shellに保存したファイルは保持されますが、一定期間Cloud Shellを起動しないと削除されてしまうので注意してください。

図13.6: Cloud Shell 起動後

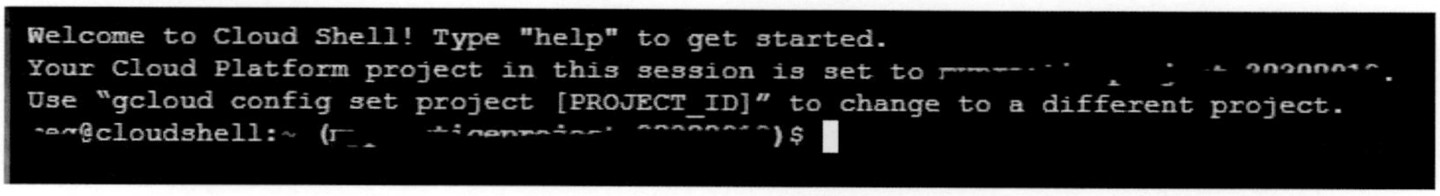

```
Welcome to Cloud Shell! Type "help" to get started.
Your Cloud Platform project in this session is set to _____ 20200010.
Use "gcloud config set project [PROJECT_ID]" to change to a different project.
___@cloudshell:~ (r_____ 20200010)$ ▮
```

13.2.2 バケットを作る mb

gsutilは、コマンドの後ろに操作のオプションを指定して操作を行います。バケットを作るオプションはmbになります。バケットを作る場合は、以下のように使用します。*bucket_name*は作りたいバケットの名称を入れます。

```
$ gsutil mb gs://bucket_name
```

mbのさらなるオプション「-（はいふん）」をつけて指定します。先ほど作成したバケットと同様のオプションは以下の通りになります。

```
$ gsutil mb -l asia-northeast1 \
            -c STANDARD \
            -b on \
            gs://gijutsushoten-13-gcs
```

他のオプションは公式ドキュメント[1]をご覧ください。

13.3 オブジェクトの操作

実際のオブジェクトの操作について解説します。

13.3.1 Webコンソールでの操作

まずはWebコンソールでの操作です。GCSのコンソールで、作成したバケット名をクリックすると、バケットを操作するコンソールが開きます。このコンソール上で操作を行います。

1.https://cloud.google.com/storage/docs/gsutil/commands/mb

第13章 Google Cloud:GCSの基本的な使い方 | 121

図 13.7: GCS のコンソール

13.3.1.1　オブジェクトの作成（アップロード）

オブジェクトの作成は、アップロードしたいファイルをコンソールにドラッグアンドドロップします。

図13.8: ドラッグアンドドロップ

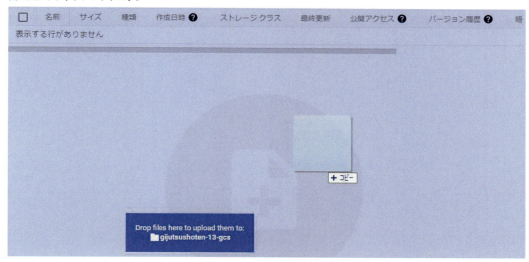

同じファイル名でアップロードしようとすると、競合の解決方法をポップアップで確認されます。ここで「上書きをする」を選択すると、オブジェクトが更新されます。

図13.9: 競合の解決

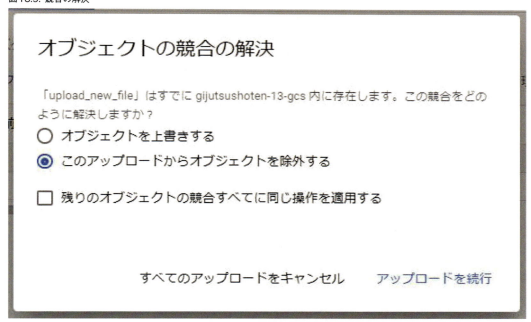

ドラッグアンドドロップではなく、「ファイルをアップロード」をクリックしてもファイルがアップロードできます。その場合は、ファイル選択ダイアログが開きます。

13.3.1.2 オブジェクトの取得（ダウンロード）

オブジェクトの取得もコンソールで行えます。コンソールに表示されているオブジェクトの右の方にある下向き矢印をクリックすることでダウンロードできます。

図13.10: オブジェクトのダウンロード

複数オブジェクトを同時に取得したい場合は、コンソール上でオブジェクトにチェックを入れ、「ダウンロード」をクリックするとダウンロードされます。

図13.11: 複数のダウンロード

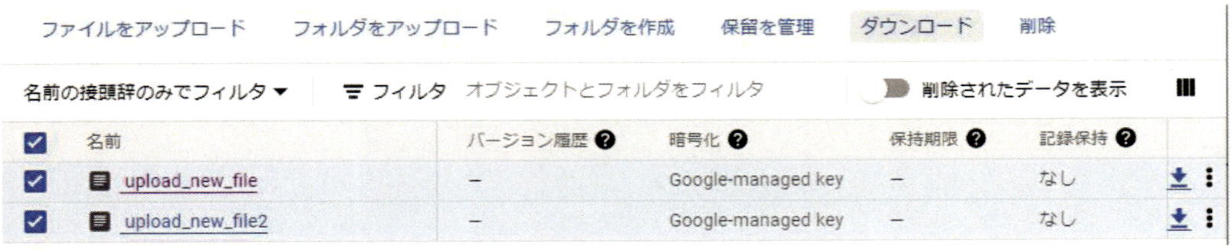

13.3.1.3 オブジェクトの削除

オブジェクトの削除もコンソールで行えます。オブジェクトを選択し、「削除」をクリックするとオブジェクトが削除されます。オブジェクトを複数選択もできます。削除の前に確認ポップアップが表示されます。

図13.12: オブジェクトの削除

13.3.1.4 フォルダの作成

フォルダの作成は、「フォルダの作成」をクリックすることでできます。他には、フォルダをド

ラッグアンドドロップすることでフォルダが作成され、フォルダ配下のファイルもアップロードされます。同様に、「フォルダのアップロード」をクリックしてフォルダを選択することでフォルダのアップロードが行えます。

コンソール上でフォルダをクリックすると、フォルダの中に入ることができ、そこでオブジェクトの作成を行うことでフォルダ配下にオブジェクトが作成されます。

13.3.2　CUIでの操作

Webコンソールと同様の操作は、gsutilを使うことでCUIで操作できます。ここで解説する操作はCloud Shell上での動作を前提としています。

13.3.2.1　オブジェクトの作成（アップロード）

オブジェクトの作成はgsutilのcpオプションを用いて行います。最初の引数にアップロードするローカルファイルのパス、第2引数にバケットのURLを指定します。バケットのURLには"gs://*bucket_name*"のように、先頭に"gs://"をつけたものが使用されます。これはオブジェクトにアクセスする際も使用するので、覚えておきましょう。

実行例は以下の通りです。空のファイルを作成し、作成したファイルをアップロードしています。

```
$ touch upload_new_file
$ gsutil cp upload_new_file gs://gijutsushoten-13-gcs/
Copying file://upload_new_file [Content-Type=application/octet-stream]...
/ [1 files][    0.0 B/    0.0 B]
Operation completed over 1 objects.
```

オブジェクトの更新もcpオプションを使用します。コンソールの場合と違い、コマンドを実行するとオブジェクトが上書きされます（＝競合の確認がされない）。上書きを防止したい場合は「-n」オプションを指定します。競合した場合はファイルのアップロードを行わずに処理をスキップします。

実行例は以下の通りです。すでにバケットの中に同名のオブジェクトがあるので、処理がスキップされています。

```
$ gsutil cp -n upload_new_file gs://gijutsushoten-13-gcs/
Skipping existing item: gs://gijutsushoten-13-gcs/upload_new_file
```

cpオプションの第1引数にはワイルドカードが使用でき、複数ファイルをアップロードをすることができます。さらに、「-n」オプションを付けた場合は、すでにバケットに存在するオブジェクトはスキップ、それ以外はアップロードされます。実行例は以下の通りです。新しいファイルを作成し、先ほど作成したファイルと共にアップロードを試みています。

```
$ touch upload_new_file2
$ gsutil cp -n upload_new_file* gs://gijutsushoten-13-gcs/
Skipping existing item: gs://gijutsushoten-13-gcs/upload_new_file
Copying file://upload_new_file2 [Content-Type=application/octet-stream]...
/ [1 files][    0.0 B/    0.0 B]
Operation completed over 1 objects.
```

　フォルダをアップロードは「-r」オプションを指定します。アップロードするローカルのディレクトリーを第1引数に指定します。指定したディレクトリー配下にあるファイルも全てアップロードされます。実行例は以下の通りです。ディレクトリーを作成し、その配下にファイルを作成しています。第1引数に作成したディレクトリーを指定しアップロードをしています。出力結果は紙面の都合、一部省略しています。

```
$ mkdir directory
$ touch directory/upload_new_file3
$ gsutil cp -r directory  gs://gijutsushoten-13-gcs/
Copying file://directory/upload_new_file3 [Content-Type=application...
/ [1 files][    0.0 B/    0.0 B]
Operation completed over 1 objects.
```

13.3.2.2　オブジェクトの取得（ダウンロード）

　オブジェクトの取得も「cp」オプションを使用します。第1引数にオブジェクトのURL、第2引数にダウンロードするディレクトリーを指定します。以下の例は、オブジェクトをカレントディレクトリーへコピーする例です。

```
$ ls
$ gsutil cp gs://gijutsushoten-13-gcs/upload_new_file ./
Copying gs://gijutsushoten-13-gcs/upload_new_file...
/ [1 files][    4.0 B/    4.0 B]
Operation completed over 1 objects/4.0 B.
$ ls
upload_new_file
```

　第1引数にもワイルドカードが指定できるので、複数ファイルを同時にダウンロードできます。作成のときと同様に上書きの確認はされません。上書きをスキップする場合は「-n」オプションを指定します。競合した場合は、ファイルのアップロードを行わずに処理をスキップします。

13.3.2.3　オブジェクトの削除

　オブジェクトの削除gsutilの「rm」オプションを使用します。第1引数に削除するURLを指定します。以下の実行例は「rm」オプションでオブジェクトを削除しています。「ls」オプションはオブジェクトを参照するオプションです。

削除をする際の確認はないので、注意が必要です。

```
$ gsutil ls  gs://gijutsushoten-13-gcs/upload_new_file
gs://gijutsushoten-13-gcs/upload_new_file
$ gsutil rm  gs://gijutsushoten-13-gcs/upload_new_file
Removing gs://gijutsushoten-13-gcs/upload_new_file...
/ [1 objects]
Operation completed over 1 objects.
$ gsutil ls  gs://gijutsushoten-13-gcs/upload_new_file
CommandException: One or more URLs matched no objects.
```

フォルダを削除する場合は、「-r」オプションを指定します。フォルダ配下のオブジェクトも全て削除されます。「-r」オプションを指定して、第1引数にバケット名を指定した場合、配下のオブジェクトを全て削除しバケットも削除されます。以下の例はバケットを削除した場合の例です。

```
$ gsutil rm -r gs://gijutsushoten-13-gcs2
Removing gs://gijutsushoten-13-gcs2/upload_new_file#1659768804803126...
/ [1 objects]
Operation completed over 1 objects.
Removing gs://gijutsushoten-13-gcs2/...
```

13.3.2.4　フォルダの作成

フォルダの作成はgsutilではできません。が、「cp」オプションで存在しないフォルダを指定することで自動で作成されます。以下の実行例は存在しないフォルダ名を指定して「cp」オプションを実行した場合の例です。存在しなかったフォルダに対してオブジェクトを作成することで、フォルダが作成されているのを確認できます。

```
$ gsutil ls gs://gijutsushoten-13-gcs/folder/
CommandException: One or more URLs matched no objects.
$ gsutil cp upload_new_file gs://gijutsushoten-13-gcs/folder/
Copying file://upload_new_file [Content-Type=application/octet-stream]...
/ [1 files][    4.0 B/    4.0 B]
Operation completed over 1 objects/4.0 B.
$ gsutil ls gs://gijutsushoten-13-gcs/folder/
gs://gijutsushoten-13-gcs/folder/upload_new_file
```

13.3.2.5　その他の操作

ここまでで色々なgsutilのオプションを解説してきました。cpやrmなど、Linuxに慣れている方ならおなじみのコマンドに感じた方が多いと思います。実際にその通りで、Linuxに慣れている方なら問題なく使えるオプションが多いです。本文でも少し使いましたが、cpとrm以外のオブジェクトを操作するオプションを紹介します。

第13章　Google Cloud:GCSの基本的な使い方 ｜ 127

表13.1: その他のオプション

オプション	操作の説明
cat	オブジェクトの中身を表示します。テキスト形式のものしか正常に表示されないので注意してください。
ls	オブジェクトのリストを表示します。
mv	オブジェクトの移動をします。

13.4　APIでの操作

　WebコンソールとCUIを使ったオブジェクトの操作について解説してきました。他にも、GCSではオブジェクトの操作が可能なAPIが提供されています。

　本書では使い方の解説はせず、紹介だけ行います。必要に応じて公式ドキュメントを確認してください。

13.4.1　クライアントライブラリー

　クライアントライブラリーは、プログラムからオブジェクトを操作するためのライブラリーです。プログラムに埋め込むことができるので、システムの中からオブジェクトの操作が行えます。クライアントライブラリーが提供されている言語は決まっていて、以下のプログラミング言語に対応しています。

- ・C++
- ・C#
- ・Go
- ・Java
- ・Node.js
- ・PHP
- ・Python
- ・Ruby

詳細は公式ドキュメント[2]をご覧ください。

13.4.2　XML API

　HTTPリクエストでオブジェクトを操作するAPIです。RESTfulサービスとしてAPIが提供されており、HTTPリクエストが送信できれば、どんな操作も行えます。レスポンスがXML形式で返されます。

　詳細は公式ドキュメント[3]をご覧ください。

2.https://cloud.google.com/storage/docs/reference/libraries

3.https://cloud.google.com/storage/docs/xml-api/reference-methods

13.4.3　JSON API

　XML APIと同様に、HTTPリクエストでオブジェクトを操作するAPIです。レスポンスがJSON形式で返されます。

　詳細は公式ドキュメント[4]をご覧ください。

4.https://cloud.google.com/storage/docs/json_api/v1

第14章　Google Cloud:アクセス制御

前章では、GCSの基本的な使い方を解説しました。この章ではアクセス制御の方法を解説します。

14.1　ACLによる制御

前章では、バケット単位のアクセス制御はIAMで、オブジェクトによるアクセス制御を行う場合はACLで制御を行うと解説させていただきました。ここでは、ACLによるアクセス制御をもう少し詳しく解説いたします。

「きめ細かい管理」を指定した場合は、IAMとACLでアクセス制御を行います。どちらかの権限があればオブジェクトにアクセスできます。

14.1.1　設定できる利用者の種類

オブジェクトにアクセスするための認証に使用する、利用者が設定可能なものは限られています。ここでは、ACLにどのようなものが利用者に設定できるかを解説します。認証に使用できる利用者は以下の通りです。「エンティティの種類」は少しわかりづらいですが、ACLの設定をする際に指定する種類のことです。実際に設定するのはメールアドレスで、エンティティの種類のどの認証を使うかを指定します。

表14.1: 認証に使用する利用者

認証に使用する利用者	エンティティの種類
Googleアカウントのメールアドレス	ユーザ
Googleグループのメールアドレス	グループ
G-Suiteドメイン	ドメイン
Cloud Identity	ドメイン

・Googleアカウントのメールアドレス・グループのメールアドレス

「gmail.com」「googlegroups.com」が含まれるメールアドレスです。もしくは、Googleアカウント化された、メールアドレスです。メールアドレスをGoogleアカウント化する方法はこちらのサイト[1]をご確認ください。利用者が設定されたメールアドレスで認証を行った後に、オブジェクトへのアクセスができます。

・G-Suiteドメイン

G-Suiteで管理されたメールアドレスです。G-Suiteで独自ドメインを使用できます。利用者が設定されたメールアドレスで認証を行った後に、オブジェクトへのアクセスができます。

1.https://support.google.com/accounts/answer/27441?hl=ja

・Cloud Identity

Google CloudのCloud Identityで作成されたアカウントのメールアドレスです。Cloud Identity はIDを管理するサービスで、G-Suiteと同様に独自ドメインを使用してアカウントを作成できます。利用者が設定されたメールアドレスで認証を行った後に、オブジェクトへのアクセスができます。

14.1.1.1 特別な利用者

先ほど紹介した利用者の他に設定できるものがあります。少し特殊な使い方をするものなので、分けて解説します。

・プロジェクトのコンビニエンス値

Google Cloudのプロジェクトにデフォルトで設定されているロールに対して、アクセス権限を設定する場合に使用します。デフォルトで設定されているロールは「オーナー」「編集者」「閲覧者」の3つになります。それぞれに対して、アクセス制御に使えるコンビニエンス値が用意されています。設定の仕方は以下の通りになります。「PROJECTNUMBER」はプロジェクト固有でGoogle Cloudから指定される番号になります。

表14.2: コンビニエンス値

デフォルトのロール	コンビニエンス値
オーナー	owners-PROJECTNUMBER
編集者	editors-PROJECTNUMBER
閲覧者	viewers-PROJECTNUMBER

エンティティの種類は「プロジェクト」になります。

コンビニエンス値を使用することができますが、ロールを使用したアクセス制御を行うのであればACLを使用する必要がないので、利用シーンは少ないです。

・Googleアカウント所有者

Googleアカウントを持っている全てのユーザのアクセス権を制御することもできます。オブジェクトにアクセスした際に、Googleの認証が走り認証が行われた全ての利用者がオブジェクトにアクセスできます。エンティティの種類に「パブリック」、利用者に「allAuthenticatedUsers」という文字列を指定することで設定できます。

・すべてのユーザ

文字通り、すべての利用者です。オブジェクトにアクセスした際に認証を行わずにアクセスできます。エンティティの種類に「パブリック」、利用者に「allUsers」という文字列を指定することで設定できます。

14.1.2 設定可能な権限

利用者へ設定する権限は、オブジェクトに対する設定とバケットに対して設定するものがあるので、別々に解説します。

14.1.2.1　オブジェクトに設定する権限

利用者へ設定するオブジェクトに対する権限は、以下の種類があります。

表 14.3: オブジェクトへの権限

権限	説明
READER	オブジェクトの参照、ダウンロードをする権限
OWNER	READERに加え、オブジェクトのACLとメタデータを読み書きする権限
Default	オブジェクトが作成されるときに付与される権限、プロジェクトで定義されている

気をつけていただきたいのが、オブジェクトそのものを作成・変更する権限は付与できません。オブジェクトの変更権限はバケットに対して付与します。

14.1.2.2　バケットに設定する権限

利用者へ設定するバケットに対する権限は、以下の種類があります。

表 14.4: バケットへの権限

権限	説明
READER	バケットの内容を一覧を表示する権限
WRITER	READERに加え、オブジェクトの作成、変更、削除する権限
OWNER	WRITERに加え、オブジェクトのACLとメタデータを変更する権限
Default	バケットが作成されるときに付与される権限、プロジェクトで定義されている

オブジェクトの作成や変更を行う権限は、バケットのACLにしか定義できません。注意してください。

14.2　設定の仕方

実際にACLへ設定をする方法を解説します。前章と同じようにWebコンソールで設定する場合と、CUIで設定する場合に分けて解説します。CUIで設定する方が、多くの項目を設定できます。

14.2.1　Webコンソールで設定する方法

Webコンソールでは直観的にACLの設定ができます。ただし、バケットへのACL設定はできず、オブジェクトのACLの設定しかできません。

Webコンソールから「バケット」をクリックし、オブジェクトの一覧を開きます。ACLを設定したいオブジェクトの右側の三点メニューをクリックし、「アクセス権の編集」をクリックします。

132　　第14章　Google Cloud:アクセス制御

図14.1: アクセス権の編集

　クリックすると現在のACLが表示されます。デフォルトで作成した利用者がオーナーになっており、さらにプロジェクトのコンビニエンス値に権限が付与されているのがわかります。
　ここで「エントリーを追加」をクリックし、権限を追加します。行が追加されるので、ここで「エ

第14章　Google Cloud:アクセス制御　133

ンティティ」にエンティティの種類の種類を選択し、「名前」に利用者を入力します。「アクセス」に権限を設定します。

以下の例は、オブジェクトを認証なしに誰でもダウンロードできるようにするACLです。

図14.2: 誰でもアクセスできる権限の例

最後に、右下の「保存」をクリックしてACLを保存します。

ACLを削除する場合は、行にマウスオーバーすると右側に出るゴミ箱をクリックします。

図14.3: ACLの削除

14.2.2　CUIで設定する方法

次に、ACLをCUIで設定する方法を解説します。CUIで設定するにはgsutilコマンドを使用します。CUIでは、より詳細なACLの設定ができます。gsutilを使うためにCloud Shellを使用します。

ACLの設定を行うには、gsutilの「acl」オプションを使用します。

14.2.2.1　ACLの確認

まずは現在のACLを確認する方法です。「acl」オプションに続き「get」オプションを指定して、引数にオブジェクトを指定します。ACLがjson形式で結果が返ってきます。以下の例は、オブジェクトのACLを取得する例です。取得結果に関しては紙面の都合上、省略しています。

```
$ gsutil acl get gs://gijutsushoten-13-gcs2/upload_new_file
[
  {
    "entity": "allUsers",
    "role": "READER"
  },
  {
    "entity": "project-owners-XXXXXXXXXXXXX",
    "projectTeam": {
      "projectNumber": "XXXXXXXXXXXXX",
      "team": "owners"
```

```
      },
      "role": "OWNER"
    },
    ....
    {
      "email": "YOUR@MAIL.ADDRESS",
      "entity": "user-YOUR@MAIL.ADDRESS",
      "role": "OWNER"
    }
```

14.2.2.2 ACLの追加

ACLの追加は二種類方法があり、利用者を個別に追加する方法と、JSON型式のファイルを使用して一括で設定する方法があります。

まずは個別に設定する方法を解説します。「acl」オプションの「ch」オプションを使用します。「ch」オプションはさらにいくつかのオプションがあり、ハイフンを使って指定します。第1引数に、権限を付与する利用者のメールアドレスにプラスして「:」の後ろに権限を指定します。第2引数はオブジェクトです。

次の例は、Googleアカウントに対してOWNER権限を付与しています。

```
$ gsutil acl ch -u YOUR@MAIL.ADDRESS:O ¥
      gs://gijutsushoten-13-gcs2/upload_new_file
Updated ACL on gs://gijutsushoten-13-gcs2/upload_new_file
```

第1引数に指定する権限は略称で指定します。略称の対応は以下の通りです。オブジェクトに対してはWは使用できないので、注意してください。

1. R: READ
2. W: WRITE
3. O: OWNER

・エンティティの種類の指定方法

上記の例ではGoogleアカウントに対し、「-u」で設定を行っていました。これは、エンティティの種類を指定しています。他のエンティティの種類を指定する場合は以下の通りになります。パブリックを使用する場合は、「-g」でも「-u」でも設定できます。

表14.5: エンティティタイプと指定するオプション

エンティティの種類	指定するオプション
ユーザ	-u
グループ	-g
ドメイン	-g
プロジェクトのコンビニエンス値	-p
パブリック	-g-u

第14章　Google Cloud:アクセス制御　| 135

・その他のオプション

chのその他のオプションを解説します。

1. -d：ACLから個別に権限を削除する
2. -r,-R：前方一致するすべてのオブジェクトにACLを適用する
3. -f：エラーがあった際にコマンドの終了ステータスを0にする（エラーとして止まらせない）

14.2.2.3　JSONファイルを使っての設定方法

次に、JSONファイルを使用してACLを設定する方法です。JSONファイルで設定する場合は「acl」オプションにさらに「set」オプションを使用します。JSONファイルの場合、ACLが追加されるわけでなく、JSONファイルの値ですべてのACLが上書きされるので注意してください。

次の例は、acl.jsonに記述されたACLをオブジェクトに設定しています。

```
$ gsutil acl set acl.json  gs://gijutsushoten-13-gcs2/upload_new_file
Setting ACL on gs://gijutsushoten-13-gcs2/upload_new_file...
/ [1 objects]
Operation completed over 1 objects.
```

14.2.2.4　バケットへのACLの追加

CUIではバケットに対してもACLの設定ができます。操作方法は、オブジェクトに対して設定する場合のときと変わりません。次の例は、バケットに対してWRITE権限を付与しています。

```
$ gsutil acl ch -u YOUR@MAIL.ADDRESS:W gs://gijutsushoten-13-gcs2
Updated ACL on gs://gijutsushoten-13-gcs2/
```

このようにCUIでは、Webコンソール以上に様々な操作ができます。

14.2.2.5　デフォルトACLの操作

オブジェクトは、作成された時点でバケットに設定されたデフォルトのACLが設定されます。CUIではこのデフォルトのACLを編集することもできます。デフォルトのACLを編集するには、「defacl」オプションを使用します。「defacl」以降のオプションは「acl」と同様です。次の例はデフォルトのACLを取得しています。プロジェクトのコンビニエンス値のみが設定されていることがわかります。

```
$ gsutil defacl get gs://gijutsushoten-13-gcs2
[
  {
    "entity": "project-owners-XXXXXXXXXXXX",
    "projectTeam": {
      "projectNumber": "XXXXXXXXXXXX",
      "team": "owners"
```

136　第14章　Google Cloud:アクセス制御

```
    },
    "role": "OWNER"
  },
  {
    "entity": "project-editors-XXXXXXXXXXXX",
    "projectTeam": {
      "projectNumber": "XXXXXXXXXXXX",
      "team": "editors"
    },
    "role": "OWNER"
  },
  {
    "entity": "project-viewers-XXXXXXXXXXXX",
    "projectTeam": {
      "projectNumber": "XXXXXXXXXXXX",
      "team": "viewers"
    },
    "role": "READER"
  }
]
```

　「acl」オプションと同様に、デフォルトのACLにも利用者を追加することができます。次の例は、デフォルトのACLに利用者をOWNER権限を付与しています。この操作を行うと、全てのオブジェクトにOWNER権限が付与されます。

```
$ gsutil defacl ch -u YOUR@MAIL.ADDRESS:O gs://gijutsushoten-13-gcs2
Updated default ACL on gs://gijutsushoten-13-gcs2/
```

第15章 Google Cloud:世代管理

前章では、アクセス制御の方法を解説しました。この章ではGCSで世代管理の設定をする方法、
過去世代のファイルを取り出す方法を解説します。

15.1 設定の仕方

世代管理はGCSのバケットに対して設定を行います。ここでは、世代管理の設定をする方法を解
説します。Webコンソールで設定する方法と、gsutilを使用するCUIで設定する方法を解説します。

15.1.1 Webコンソールで設定する方法

バケットのコンソールから「保護」をクリックして設定を行います。GCSでは、世代管理のこと
を保護やバージョニングと呼びます。

図15.1: 保護

| オブジェクト | 設定 | 権限 | 保護 | ライフサイクル |

バケット > gijutsushoten-13-gcs

「オブジェクトのバージョニング（データ復旧に最適)」の項目の、「OBJECT VERSIONING OFF」
をクリックします。

138　第15章　Google Cloud:世代管理

図15.2: 世代管理の設定1

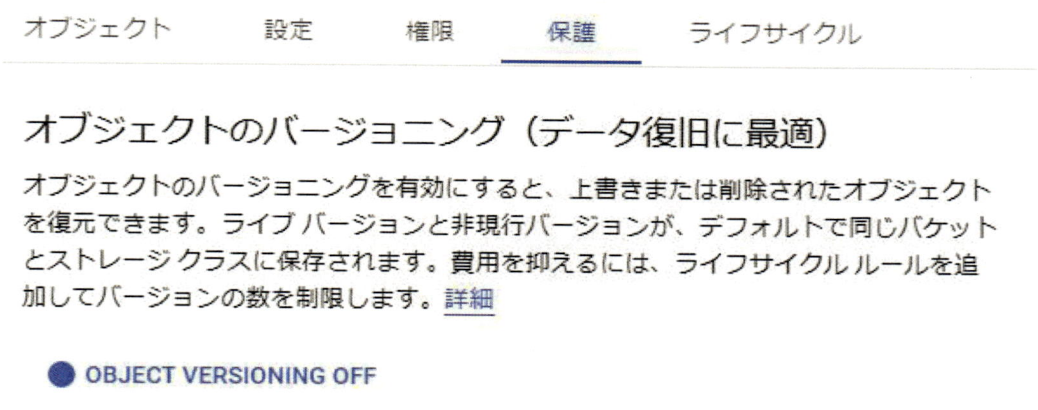

オブジェクト　　　設定　　　権限　　　**保護**　　　ライフサイクル

オブジェクトのバージョニング（データ復旧に最適）

オブジェクトのバージョニングを有効にすると、上書きまたは削除されたオブジェクトを復元できます。ライブ バージョンと非現行バージョンが、デフォルトで同じバケットとストレージ クラスに保存されます。費用を抑えるには、ライフサイクル ルールを追加してバージョンの数を制限します。詳細

⬤ OBJECT VERSIONING OFF

クリックすると確認画面が表示されます。

図15.3: 世代管理の設定2

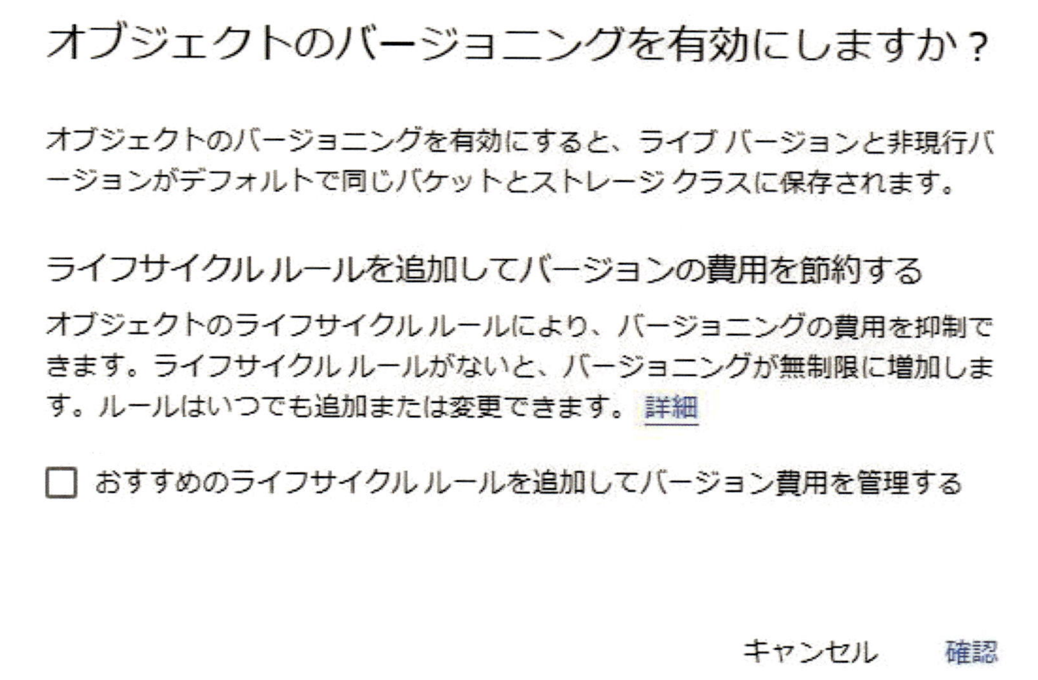

オブジェクトのバージョニングを有効にしますか？

オブジェクトのバージョニングを有効にすると、ライブ バージョンと非現行バージョンがデフォルトで同じバケットとストレージ クラスに保存されます。

ライフサイクル ルールを追加してバージョンの費用を節約する

オブジェクトのライフサイクル ルールにより、バージョニングの費用を抑制できます。ライフサイクル ルールがないと、バージョニングが無制限に増加します。ルールはいつでも追加または変更できます。詳細

☐ おすすめのライフサイクル ルールを追加してバージョン費用を管理する

キャンセル　　　確認

　確認画面では、同時にライフサイクルの設定をするかどうかの確認をします。これは、世代管理を行うと過去世代のオブジェクト分の費用が発生するので、ライフサイクルを設定（3世代前までは削除）することで、費用を落とすかどうかの提案です。本章では、ライフサイクルの解説は別の章で行うので、ライフサイクルは設定せずに進めます。

「確認」をクリックすると、世代管理の設定は完了です。これでバケットに対して世代管理が行われるようになりました。ライフサイクルを設定していないので、過去何世代もオブジェクトが保管される（＝費用が発生する）ので注意してください。ライフサイクルとの連携方法は、「16.3 世代管理とあわせて使用する」をご参照ください。

15.1.2 CUIで設定する方法

ここからは、同様の設定をgsutilを使ってCUIで設定する方法を解説します。前章と同様に、Cloud Shell上で操作を行います。

世代管理の設定はgsutilの「versioning」オプションを使用します。versioningはさらにオプションを指定します。getを使用することで世代管理のステータスを取得できます。次の例は、世代管理の設定がどうなっているかの確認をする方法です。

```
$ gsutil versioning get gs://gijutsushoten-13-gcs3
gs://gijutsushoten-13-gcs3: Suspended
```

世代管理の設定をする場合、「versioning」オプションのsetを使用します。次の例はsetに対してonを指定し、世代管理を有効にしています。

```
$ gsutil versioning set on gs://gijutsushoten-13-gcs3
Enabling versioning for gs://gijutsushoten-13-gcs3/...
$ gsutil versioning get gs://gijutsushoten-13-gcs3
gs://gijutsushoten-13-gcs3: Enabled
```

これでバケットに対して、世代管理が有効になりました。

15.2 世代管理したオブジェクトの操作方法

ここでは、実際に世代管理されているオブジェクトの操作方法を解説します。今までと同様に、コンソールで操作する方法とCUIで操作する方法を解説します。

15.2.1 過去世代のオブジェクトの取得

世代管理されているオブジェクトの取得方法を解説します。本書で解説で使用するオブジェクトは、二度オブジェクトの更新をしています。

15.2.1.1 Webコンソールで取得する

バケットのコンソールから、オブジェクトをクリックすると、「バージョン履歴」タブに何世代管理されているかが表示されます。

140 　第15章　Google Cloud:世代管理

図15.4: 履歴

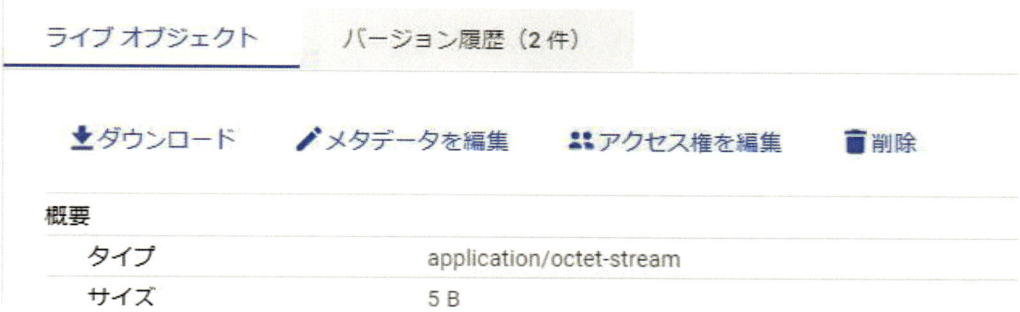

ライブ オブジェクト	バージョン履歴（2件）

ダウンロード　メタデータを編集　アクセス権を編集　削除

概要

タイプ	application/octet-stream
サイズ	5 B

「バージョン履歴」タブをクリックすることで、全ての世代が表示されます。ライブオブジェクトとは最新のオブジェクトのことです。GCSでは最新のオブジェクトのことをライブオブジェクトや現行世代と呼称します。

図15.5: 世代リスト

ライブ オブジェクト	バージョン履歴（2件）

削除

フィルタ　プロパティ名または値を入力

オブジェクトのバージョン ↓
upload_new_file（ライブ オブジェクト）
2022/08/07 11:24:56
2022/08/07 11:24:31

　この画面で、取得したい世代の右側にある三点メニューの「ダウンロード」をクリックすることで、オブジェクトのダウンロードができます。

図15.6: ダウンロード

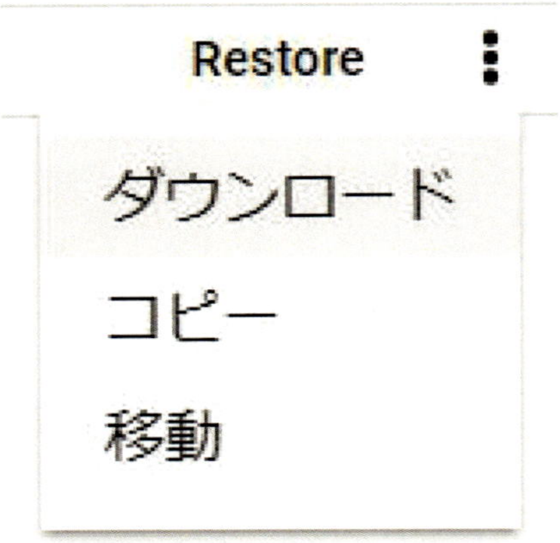

Restore ⋮

ダウンロード

コピー

移動

15.2.1.2　CUIで取得する

同様に、過去世代をCUIで取得する方法を解説します。

解説の前に、バケットにオブジェクトを作成し、オブジェクトを二度更新するコマンドを実行します。ファイルにはファイルを更新した時刻を出力しています。

```
$ TZ=JST-9 date > upload_new_file
$ gsutil cp ./upload_new_file gs://gijutsushoten-13-gcs3
Copying file://./upload_new_file [Content-Type=application/octet-stream]...
/ [1 files][   32.0 B/   32.0 B]
Operation completed over 1 objects/32.0 B.
$ TZ=JST-9 date > upload_new_file
$ gsutil cp ./upload_new_file gs://gijutsushoten-13-gcs3
Copying file://./upload_new_file [Content-Type=application/octet-stream]...
/ [1 files][   32.0 B/   32.0 B]
Operation completed over 1 objects/32.0 B.
$ TZ=JST-9 date > upload_new_file
$ gsutil cp ./upload_new_file gs://gijutsushoten-13-gcs3
Copying file://./upload_new_file [Content-Type=application/octet-stream]...
/ [1 files][   32.0 B/   32.0 B]
Operation completed over 1 objects/32.0 B.
```

過去世代のリストを見るためには、「ls」オプションに「-a」オプションを指定します。次の例は、オブジェクトに対して世代の一覧を表示しています。

```
$ gsutil ls -a gs://gijutsushoten-13-gcs3/upload_new_file
gs://gijutsushoten-13-gcs3/upload_new_file#1659841249543038
gs://gijutsushoten-13-gcs3/upload_new_file#1659841278060907
gs://gijutsushoten-13-gcs3/upload_new_file#1659841290479116
```

142　第15章　Google Cloud:世代管理

世代管理されている場合、オブジェクトには#がついた状態で出力されます。#の後ろの数字が一番大きいものがライブオブジェクトです。過去世代のオブジェクトをダウンロードする場合は、#の後ろの番号を含めて指定します。次の例は、過去世代のオブジェクトをローカルにダウンロードする例です。

```
$ cat  upload_new_file
Sun 07 Aug 2022 12:01:25 PM JST
$ gsutil cp gs://gijutsushoten-13-gcs3/upload_new_file#1659841278060907 ./
Copying gs://gijutsushoten-13-gcs3/upload_new_file#1659841278060907...
/ [1 files][   32.0 B/   32.0 B]
Operation completed over 1 objects/32.0 B.
$ cat upload_new_file
Sun 07 Aug 2022 12:01:12 PM JST
```

CUIでは、過去世代に操作する場合は#をつけます。それ以外の操作はライブオブジェクトを操作する場合と同じです。

15.2.2　過去世代のリストア

次に、過去世代をライブオブジェクトにリストアする方法を解説します。過去世代をリストアした場合はリストアしたオブジェクトがライブオブジェクトになり、ライブオブジェクトだったものが一世代前になります。そして、リストアした世代は消えるわけではありません。コピーされてライブオブジェクトになります。

15.2.2.1　Webコンソールでリストアする

過去世代のリストアは全ての世代が表示されている画面から、右にある「Restore」をクリックします。確認画面が出るので、「確認」をクリックしてリストアします。

第15章　Google Cloud:世代管理　│　143

図15.7: リストア

このオブジェクト バージョンを復元しますか？

このバージョンをライブ バージョンにすることを確定します。このオブジェクトのライブ バージョンがすでに存在する場合は、このアクションを行うと、既存のライブ バージョンが非現行バージョンになります。

バージョン ID（作成日時）	2022/08/07 11:24:31
世代番号	1659839071630943
ハッシュ（MD5）	0b4e7a0e5fe84ad35fb5f95b9ceeac79
ハッシュ（CRC32C）	87510999
最終更新	2022/08/07 11:24:31
ストレージ クラス	Standard
サイズ	6 B
タイプ	application/octet-stream
Metageneration	1
gsutil のリンク	gs://gijutsushoten-13-gcs/directory/upload_new_file#165983907 1630943

キャンセル　　　確認

　コンソール画面でハッシュ値を確認すると、過去世代がライブオブジェクトにコピーされているのが確認できます。

図15.8: 過去世代のコピー

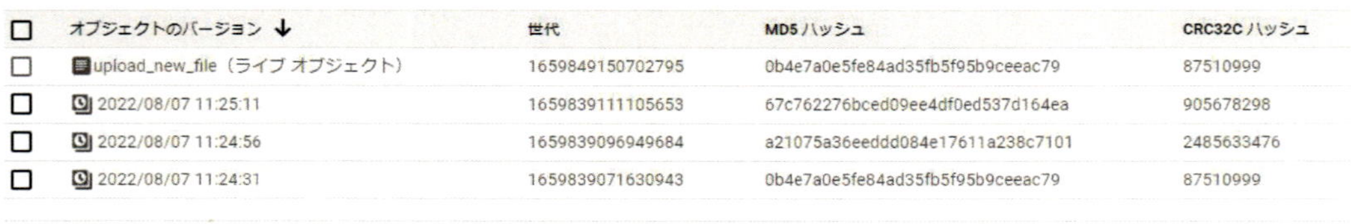

▼ フィルタ　プロパティ名または値を入力

	オブジェクトのバージョン ↓	世代	MD5 ハッシュ	CRC32C ハッシュ
☐	upload_new_file（ライブ オブジェクト）	1659849150702795	0b4e7a0e5fe84ad35fb5f95b9ceeac79	87510999
☐	2022/08/07 11:25:11	1659839111105653	67c762276bced09ee4df0ed537d164ea	905678298
☐	2022/08/07 11:24:56	1659839096949684	a21075a36eeddd084e17611a238c7101	2485633476
☐	2022/08/07 11:24:31	1659839071630943	0b4e7a0e5fe84ad35fb5f95b9ceeac79	87510999

15.2.2.2 CUIでリストアする

CUIでリストアする場合は、過去世代のオブジェクトをコピーすることで行います。以下の例は「cp」オプションで過去世代をリストアしています。「cat」オプションを使用してオブジェクトの中身を確認しています。

```
$ gsutil cat \
  gs://gijutsushoten-13-gcs3/upload_new_file#1659841290479116
Sun 07 Aug 2022 12:01:25 PM JST
$ gsutil cp \
  gs://gijutsushoten-13-gcs3/upload_new_file#1659841290479116 \
  gs://gijutsushoten-13-gcs3/upload_new_file
Copying gs://gijutsushoten-13-gcs3/upload_new_file#1659841290479116 ...
/ [1 files][   32.0 B/   32.0 B]
Operation completed over 1 objects/32.0 B.
$ gsutil cat gs://gijutsushoten-13-gcs3
Sun 07 Aug 2022 12:01:25 PM JST
```

15.2.3　過去世代の削除

最後に過去世代の削除方法を解説します。ライフサイクルの設定をしないと、過去世代は無限に作成されます。定期的に削除するようにしてください。

15.2.3.1　Webコンソールで削除する

Webコンソールで削除するには、リストアのときと同様に、全ての世代が表示されている画面から操作を行います。削除したい過去世代のオブジェクトにチェックを入れ、「削除」をクリックします。ライブオブジェクトを選択できません。

確認メッセージが表示されるので、ダイアログに「DELETE」と入れると削除ができます。

図15.9: 削除

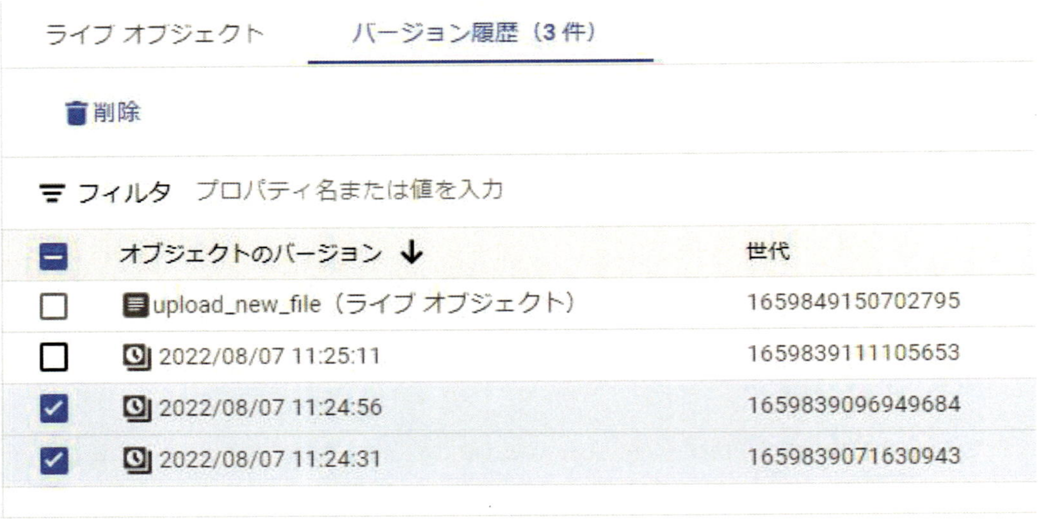

ライブ オブジェクト　　　バージョン履歴（3件）

🗑 削除

≡ フィルタ　プロパティ名または値を入力

	オブジェクトのバージョン ↓	世代
☐	📄 upload_new_file（ライブ オブジェクト）	1659849150702795
☐	🕐 2022/08/07 11:25:11	1659839111105653
☑	🕐 2022/08/07 11:24:56	1659839096949684
☑	🕐 2022/08/07 11:24:31	1659839071630943

15.2.3.2　CUIで削除する

　CUIで削除するには、「rm」オプションを使用します。URLにプラスして#をつけることで、過去世代の削除を行います。以下の例は過去世代を削除し、「ls」オプションで削除されていることを確認しています。

```
$ gsutil ls -a gs://gijutsushoten-13-gcs3
gs://gijutsushoten-13-gcs3/upload_new_file#1659841249543038
gs://gijutsushoten-13-gcs3/upload_new_file#1659841278060907
gs://gijutsushoten-13-gcs3/upload_new_file#1659841290479116
gs://gijutsushoten-13-gcs3/upload_new_file#1659850782498466
$ gsutil rm gs://gijutsushoten-13-gcs3/upload_new_file#1659841290479116
Removing gs://gijutsushoten-13-gcs3/upload_new_file#1659841290479116...
/ [1 objects]
Operation completed over 1 objects.
$ gsutil ls -a gs://gijutsushoten-13-gcs3
gs://gijutsushoten-13-gcs3/upload_new_file#1659841249543038
gs://gijutsushoten-13-gcs3/upload_new_file#1659841278060907
gs://gijutsushoten-13-gcs3/upload_new_file#1659850782498466
```

15.2.4　ライブオブジェクトを削除した後の操作

　世代管理の設定をしている場合、ライブオブジェクトを削除しても過去の世代は管理されてます。削除されたオブジェクトを確認する方法を解説します。

15.2.4.1 Webコンソールで確認する

Webコンソールでは、ライブオブジェクトを削除すると表示されなくなります。表示したい場合は、バケットのコンソールの「削除されたデータを表示」をオンにします。削除したオブジェクトが表示されるので、クリックすると過去世代が表示されます。

図15.10: 削除されたライブオブジェクト

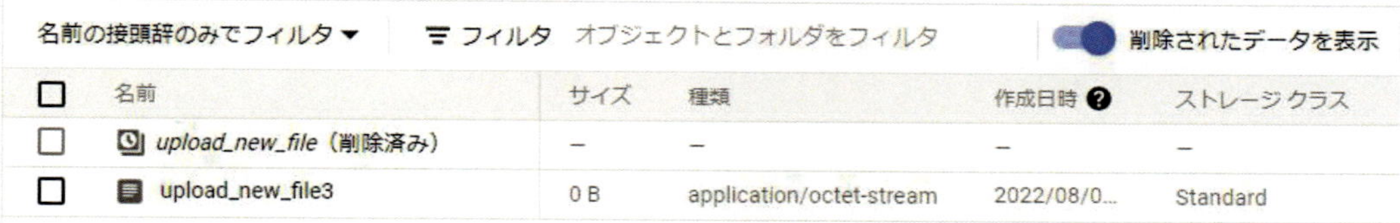

	名前	サイズ	種類	作成日時 ❓	ストレージクラス
☐	🔲 *upload_new_file*（削除済み）	–	–	–	–
☐	📄 upload_new_file3	0 B	application/octet-stream	2022/08/0...	Standard

15.2.4.2 CUIで確認する

CUIで確認する場合は、「ls」オプションに「-a」オプションをつけることで表示されます。隠しファイルの扱いになると考えてたいだければ間違いないです。以下の例はライブオブジェクトを削除し、「ls」オプションで過去世代を確認しています。

```
$ gsutil rm gs://gijutsushoten-13-gcs3/upload_new_file
Removing gs://gijutsushoten-13-gcs3/upload_new_file...
/ [1 objects]
Operation completed over 1 objects.
$ gsutil ls gs://gijutsushoten-13-gcs3/upload_new_file
CommandException: One or more URLs matched no objects.
$ gsutil ls -a gs://gijutsushoten-13-gcs3/upload_new_file
gs://gijutsushoten-13-gcs3/upload_new_file#1659841249543038
gs://gijutsushoten-13-gcs3/upload_new_file#1659841278060907
gs://gijutsushoten-13-gcs3/upload_new_file#1659850782498466
```

第15章 Google Cloud:世代管理 | 147

第16章　Google Cloud:ライフサイクル管理

　前章では、世代管理の機能を解説しました。ここでは、ライフサイクルの管理の方法を解説していきます。世代管理との連携も解説します。

16.1　ルール

　ライフサイクルを設定する「ルール」と呼ばれる、動作を定義したものを使用します。ルールにはオブジェクトに対する操作と、操作が発動するための条件を設定します。ルールはバケットに対して設定します。

16.1.1　オブジェクトの操作

　ルールに設定するライフサイクルのオブジェクトの操作では、以下の操作が行えます。ストレージクラスの変更は上位のクラスから下位の変更しかできません。StandardからNearlineへの変更はできますが、ArchiveからColdlineの変更はできません。

図16.1: クラスの変更は上位から下位のみ可能

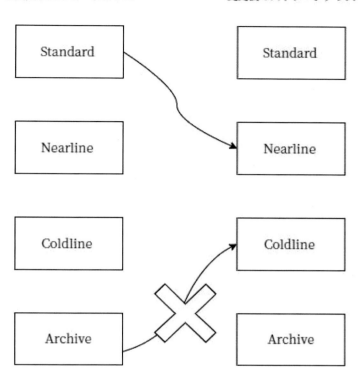

- ストレージクラスを Nearline に変更する

ストレージクラスを Nearline に変更します。元のストレージクラスが Standard の場合のみ変更ができます。

- ストレージクラスを Coldline に変更する

ストレージクラスを Coldline に変更します。元のストレージクラスが Standard、Nearline 場合に変更ができます。

- ストレージクラスを Archive に変更する

ストレージクラスを Archive に変更します。全てのストレージクラスから変更ができます。

- オブジェクトを削除する

オブジェクトの削除を行います。世代管理の設定をしていた場合は、ライブオブジェクトから過去世代のオブジェクトに移動になります。

- マルチパートアップロードを削除

不完全な状態になっているマルチパートアップロードを削除します。マルチパートアップロードについては、次のコラムをご覧ください。

> **マルチパートアップロード**
>
> 　マルチパートアップロードとは、ファイルを分割してGCSへファイルをアップロードする方法です。並行してファイルが送信できるので、アップロードにかかる時間を削減することが期待できます。また、アップロードが失敗し再送する場合でも、途中から再開することができます。分割された最後のファイルがアップロードされたタイミングでファイルは結合され、完全なオブジェクトになります。大きなファイルをアップロードするときに活躍するのが、マルチパートアップロードです。
>
> 　ライフサイクルで削除されるのは、結合される前のオブジェクトです。

16.1.2　条件

　ルールに設定するもうひとつの項目の条件は、この条件を満たしたときにルールに設定されている操作が実行されます。条件は複数設定することができ、全ての条件が満たされた場合に操作が行われます。設定できる条件は以下の通りです。Webコンソールで表示される日本語で名称を統一していますが、わかりづらいものもあるので解説いたします。

・オブジェクト名が接頭辞と一致

　設定したキーワードと、オブジェクト名称の先頭が一致する条件です。オブジェクト名称にはフォルダ名称が含まれますので、配下フォルダのオブジェクトを一致させたい場合に使用します。キーワードは複数指定できます。

・オブジェクト名が接尾辞と一致

　設定したキーワードと、オブジェクト名称の後方が一致する条件です。拡張子を指定して一致させたい場合に使用します。キーワードは複数指定できます。

・年齢

　オブジェクトが作成された日を基準として、指定した日付分経過したオブジェクトを一致させる条件です。オブジェクトが作成された日付が"2022/09/11 10:00"で、経過期間に"7日"を指定した場合は、"2022/09/18 10:00"以降条件を満たすようになります。

・指定日時の前に作成

　オブジェクトが作成された日が、指定した日付以前のオブジェクトを一致させる条件です。指定できるのは日付で、指定した日付の0時前に作成されたオブジェクトが一致します。

・非現行になってからの日数

　世代管理とあわせて使用する条件になります。ライブオブジェクトから過去世代へ移った日が、指定した日付分経過したオブジェクトを一致させる条件です。

・指定日時の前に非現行になった

　世代管理とあわせて使用する条件になります。ライブオブジェクトから過去世代へ移った日が、指定した日付以前のオブジェクトを一致させる条件です。

・カスタム期間からの経過日数

　オブジェクトのCustom-Timeメタデータに入れた日付が、指定した日付分経過したオブジェクトを一致させる条件です。Custom-Timeメタデータは自由に設定できるメタデータで、特別な意味をもったメタデータです。Custom-Timeメタデータは、一度設定すると変更することはできません。

> **メタデータ**
>
> 　オブジェクトに対して、「key:value」型式で指定できるメタデータです。ユーザが設定するメタデータをカスタムメタデータと呼びます。

- 次の日以前のカスタム期間オブジェクトのCustom-Timeメタデータに入れた日付が、指定した日付以前のオブジェクトを一致させる条件です。
- ライブ状態オブジェクトがライブオブジェクトかどうかを判断する条件です。ライブオブジェクトかそれ以外かを指定できます。
- 一致するストレージクラスオブジェクトが格納されているストレージクラスの条件です。指定したオブジェクトクラスに格納されているオブジェクトが一致させる条件です。
- 新しいバージョンの数世代管理とあわせて使用する条件になります。過去世代のオブジェクトが、指定した数以上の新しい世代のバージョンがある場合に一致する条件です。ライブオブジェクトをカウントせず、指定された数以上の新しいバージョンがある場合、条件が一致します。

図16.2: 新しいバージョンの数に5を指定した場合

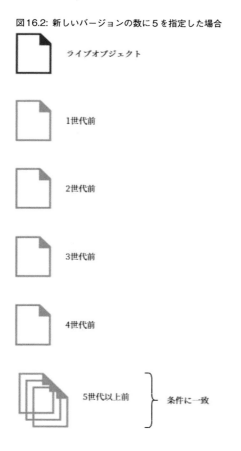

16.2 設定の仕方

ここからはライフサイクルのルール設定の仕方を解説します。ルールはバケットに対して設定します。ここまでと同じようにWebコンソールで設定する方法と、CUIで設定する方法を解説します。

16.2.1 Webコンソールで設定する方法

Webコンソールでは、バケットのコンソールのライフサイクルタブで設定します。

図16.3: ライフサイクルタブ

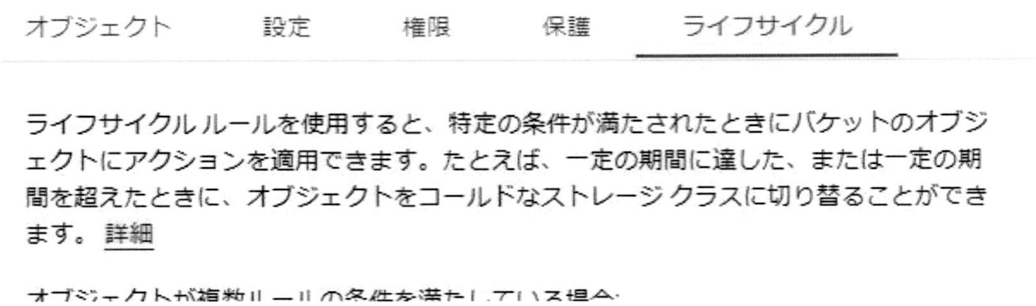

オブジェクト　　　設定　　　権限　　　保護　　　ライフサイクル

ライフサイクル ルールを使用すると、特定の条件が満たされたときにバケットのオブジェクトにアクションを適用できます。たとえば、一定の期間に達した、または一定の期間を超えたときに、オブジェクトをコールドなストレージ クラスに切り替えることができます。詳細

オブジェクトが複数ルールの条件を満たしている場合:

ルールを追加をクリックすることで、ルールのウィザード画面が起動します。

図16.4: ルールの追加ボタン

ルール　　　ルールを追加　　すべて削除

アクション　　　　　　オブジェクトの条件　　　　　　　以下に対応:

このバケットにはライフサイクル ルールが追加されていません。

ウィザード画面では、まずはオブジェクトの操作を指定します。画面上では「アクションを選択」になっています。本書では、ストレージクラスをNearlineに変更する操作を選択します。

図16.5: アクションを選択

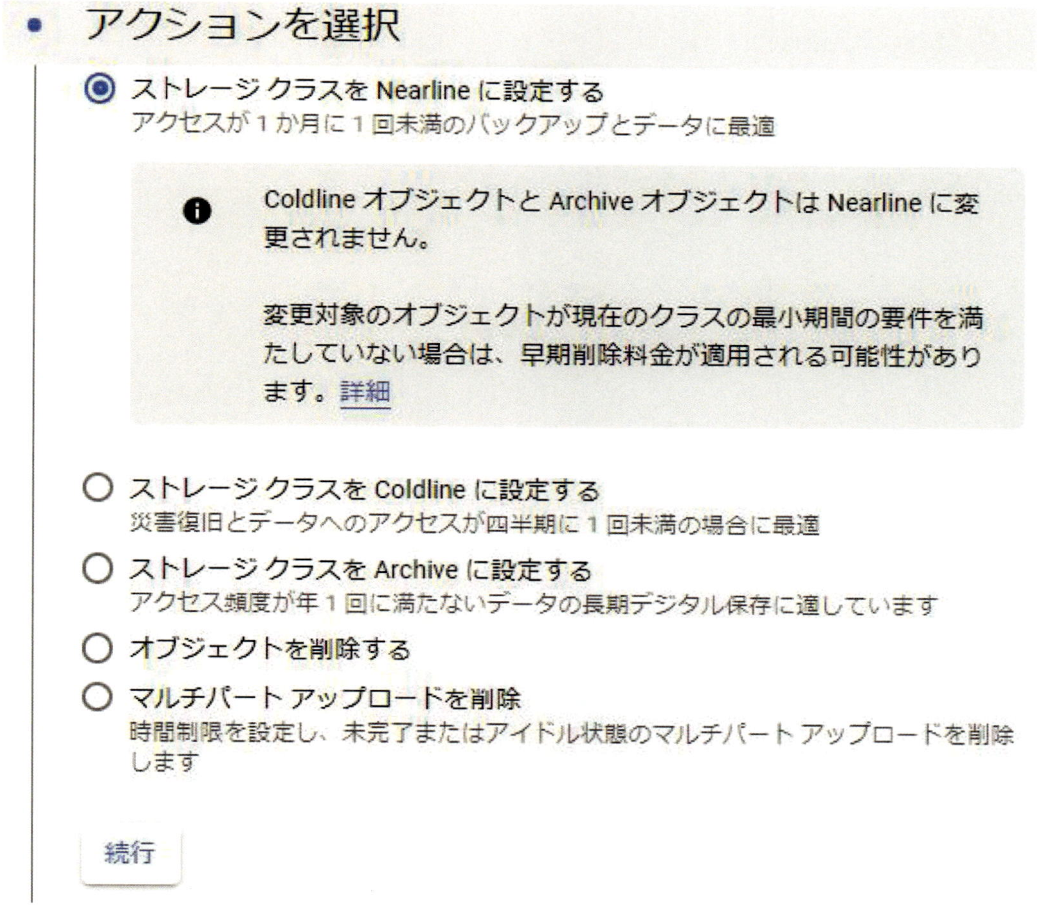

次に条件の設定を行います。ウィザード画面では、オブジェクト名の条件は「Set Rule Scopes」セクションに、他の条件は「Set Conditions」で設定を行います。複数同時の条件は設定できます。本書では特定フォルダのオブジェクトに対し、作成した日付から1日後の条件を設定します。

第16章　Google Cloud:ライフサイクル管理　153

図 16.6: Set Rule Scopes セクション

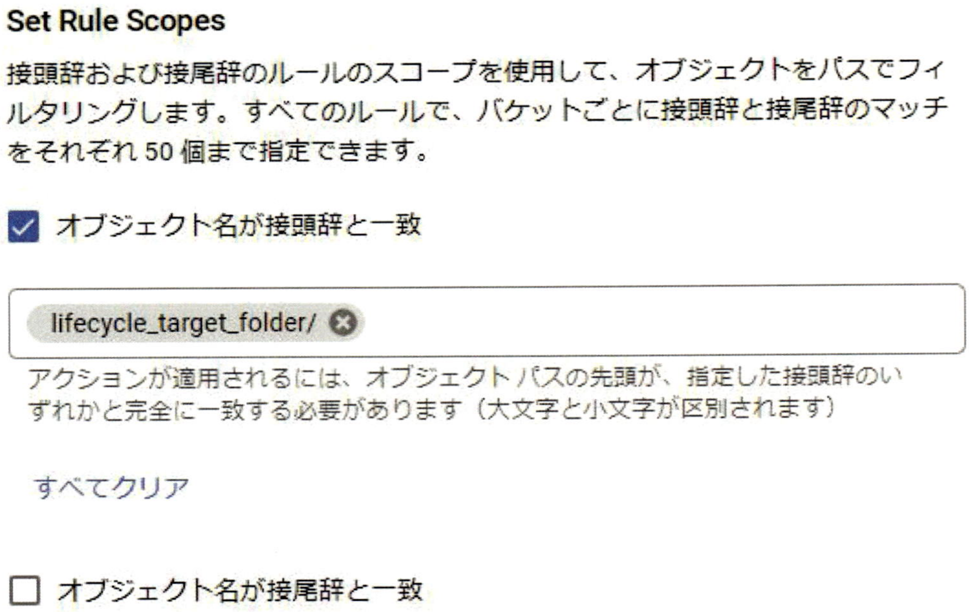

Set Rule Scopes

接頭辞および接尾辞のルールのスコープを使用して、オブジェクトをパスでフィルタリングします。すべてのルールで、バケットごとに接頭辞と接尾辞のマッチをそれぞれ 50 個まで指定できます。

☑ オブジェクト名が接頭辞と一致

lifecycle_target_folder/ ⊗

アクションが適用されるには、オブジェクトパスの先頭が、指定した接頭辞のいずれかと完全に一致する必要があります（大文字と小文字が区別されます）

すべてクリア

☐ オブジェクト名が接尾辞と一致

図16.7: Set Conditions セクション

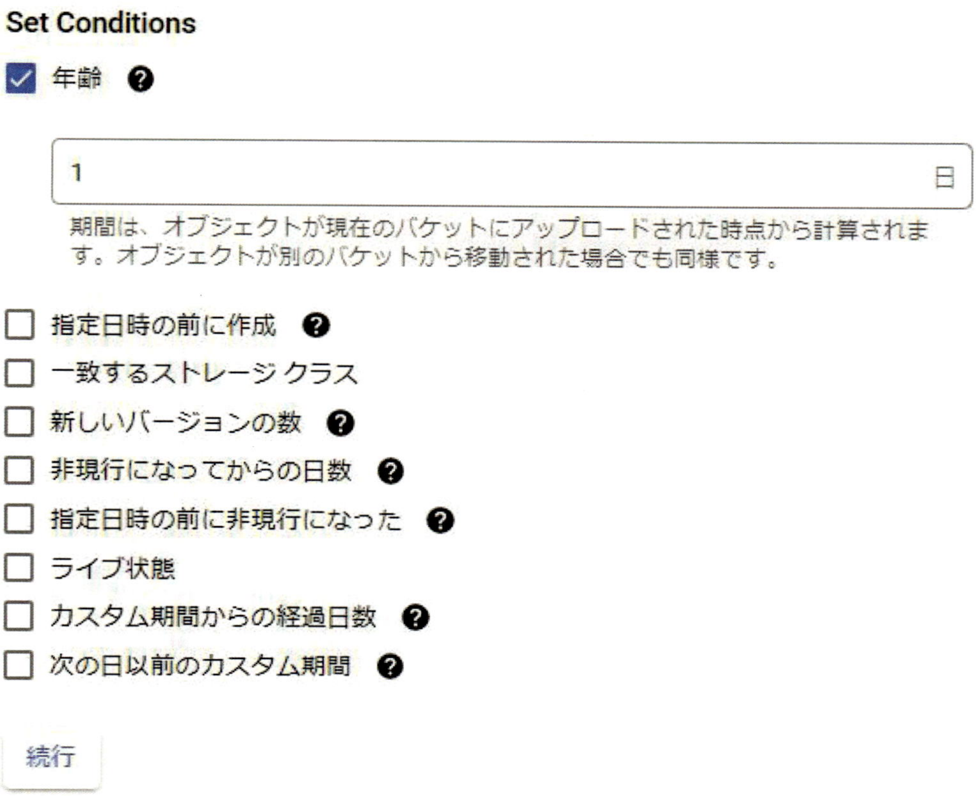

最後に「作成」をクリックすると、ルールが追加されます。ルールが作成されると、ライフサイクルタブでルールを確認することができます。ルールの編集や削除もこちらの画面で行います。

16.2.2 CUIで設定する方法

先ほどと同様のルールをCUIで設定する方法を解説します。CUIでのルールの設定は、JSON型式の設定ファイルを使用します。設定ファイルの書き方と設定の仕方を解説します。

16.2.2.1 ライフサイクルの設定ファイル

ライフサイクルの設定ファイルはJSON型式で作成します。Webコンソールで設定する場合の設定ファイルは以下の通りとなります。

```
{
  "lifecycle": {
    "rule": [
      {
        "action": {
```

```
      "type": "SetStorageClass",
      "storageClass": "NEARLINE"
    },
    "condition": {
      "age": 1,
      "matchesPrefix": [
        "lifecycle_target_folder/"
      ]
    }
    }
  ]
  }
}
```

　文章で解説すると複雑ですが、"lifecycle"の中の"rule"の中にルールを定義していきます。"rule"は配列なので、複数定義できます。"rule"に指定する配列の中は、"action"と"condition"を持つオブジェクトの設定をします。

　可視化すると以下のようになります。"action"にはオブジェクトの操作を、"condition"には条件を設定します。

図16.8: 設定ファイルの可視化

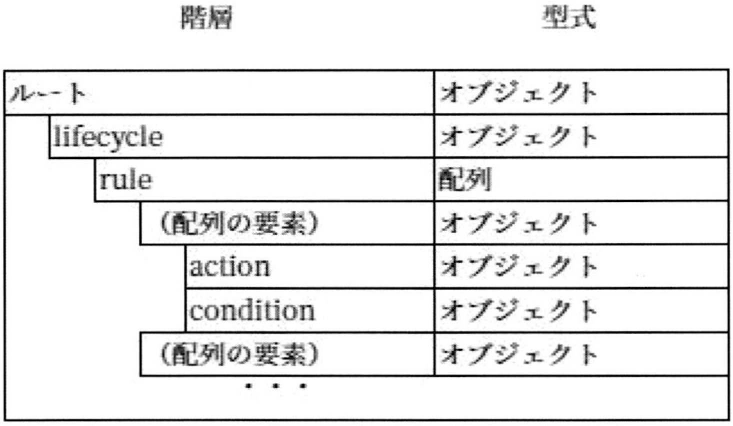

階層	型式
ルート	オブジェクト
lifecycle	オブジェクト
rule	配列
(配列の要素)	オブジェクト
action	オブジェクト
condition	オブジェクト
(配列の要素)	オブジェクト

・"action"の設定

　"action"にはオブジェクトの操作を設定します。"type"に操作を設定して、操作の種類に応じて必要なパラメータを設定します。"type"に指定する文字列と操作は以下の通りです。

表16.1: "type"に指定する文字列と操作

指定する文字列	行われる操作	追加のパラメータ
delete	オブジェクトを削除	なし
setStorageClass	ストレージクラスの変更	変更するストレージを"storageClass"に指定
abortIncomplete MultipartUpload	マルチパートアップロードを削除	なし

・"condition"の設定

"condition"には操作が発動する条件を設定します。オブジェクトのキーに設定したい条件を指定し、値にその設定値を指定します。キーと「16.1.2 条件」との関連、および設定値の型は以下の通りです。

表16.2: "condition"に指定するキーと値の型

指定するキー	有効になる条件	値の型
matchesPrefix	オブジェクト名が接頭辞と一致	配列（文字列）
matchesSuffix	オブジェクト名が接尾辞と一致	配列（文字列）
age	年齢	数字
createdBefore	指定日時の前に作成	文字列（YYYY-MM-DD 型式）
daysSinceNoncurrentTime	非現行になってからの日数	数字
noncurrentTimeBefore	指定日時の前に非現行になった	文字列（YYYY-MM-DD 型式）
daysSinceCustomTime	カスタム期間からの経過日数	数字
customTimeBefore	次の日以前のカスタム期間	文字列（YYYY-MM-DD 型式）
isLive	ライブ状態	真偽
matchesStorageClass	一致するストレージクラス	配列（文字列）
numberOfNewerVersions	新しいバージョンの数	数字

16.2.2.2　ルールの設定

設定ファイルを作成したら、gsutilを使用してルールを設定します。「lifecycle」オプションにさらに「set」オプションを指定し、第1引数に設定ファイルのパス、第2引数にルールを設定するバケットを指定します。以下の実行例は、設定ファイルを出力してルールを設定する例です。

```
$ cat <<EOF > lifecycle-rule.json
{
  "lifecycle": {
    "rule": [
      {
        "action": {
          "type": "SetStorageClass",
          "storageClass": "NEARLINE"
        },
        "condition": {
```

```
          "age": 1,
          "matchesPrefix": [
            "lifecycle_target_folder/"
          ]
        }
      }
    ]
  }
}
EOF
$ gsutil lifecycle set lifecycle-rule.json gs://gijutsushoten-13-gcs3
Setting lifecycle configuration on gs://gijutsushoten-13-gcs3/...
```

16.2.2.3　ルールの確認

ルールをCUIで確認する場合は、「lifecycle」オプションに「get」オプションを指定します。以下は実行例です。書面の都合上、出力結果を改行しておりますが、実際はJSON型式で改行されずに結果が表示されます。

```
$ gsutil lifecycle get gs://gijutsushoten-13-gcs3
{"rule": [{"action": {"storageClass": "NEARLINE", "type": "SetStorageClass"},
"condition": {"age": 1, "matchesPrefix": ["lifecycle_target_folder/"]}}]}
```

16.2.2.4　ルールの削除

ルールはCUIでは削除できません。ルールを無効にするために、空の設定ファイルでルールを上書きをする必要があります。以下の例はルールを空にした設定ファイルを作成し、ルールを上書きしています。

```
$ cat <<EOF > lifecycle-rule-delete.json

{
  "lifecycle": {
    "rule": []
  }
}

EOF

$ gsutil lifecycle set lifecycle-rule-delete.json gs://gijutsushoten-13-gcs3
Setting lifecycle configuration on gs://gijutsushoten-13-gcs3/...
$ gsutil lifecycle get gs://gijutsushoten-13-gcs3
gs://gijutsushoten-13-gcs3/ has no lifecycle configuration.
```

16.3　世代管理とあわせて使用する

　前章で解説した世代管理とライフサイクルをあわせて、より効果的にGCSを活用する方法を解説します。世代管理を有効にすると過去世代が無限に作成されます。ライフサイクルのオブジェクトの削除の操作と、新しいバージョンの数の条件を指定することで過去世代の数を限定することができます。

16.3.1　Webコンソールで設定する場合

　Webコンソールで設定する場合は、以下のように設定を行います。

図16.9: 世代管理数の上限設定（操作）

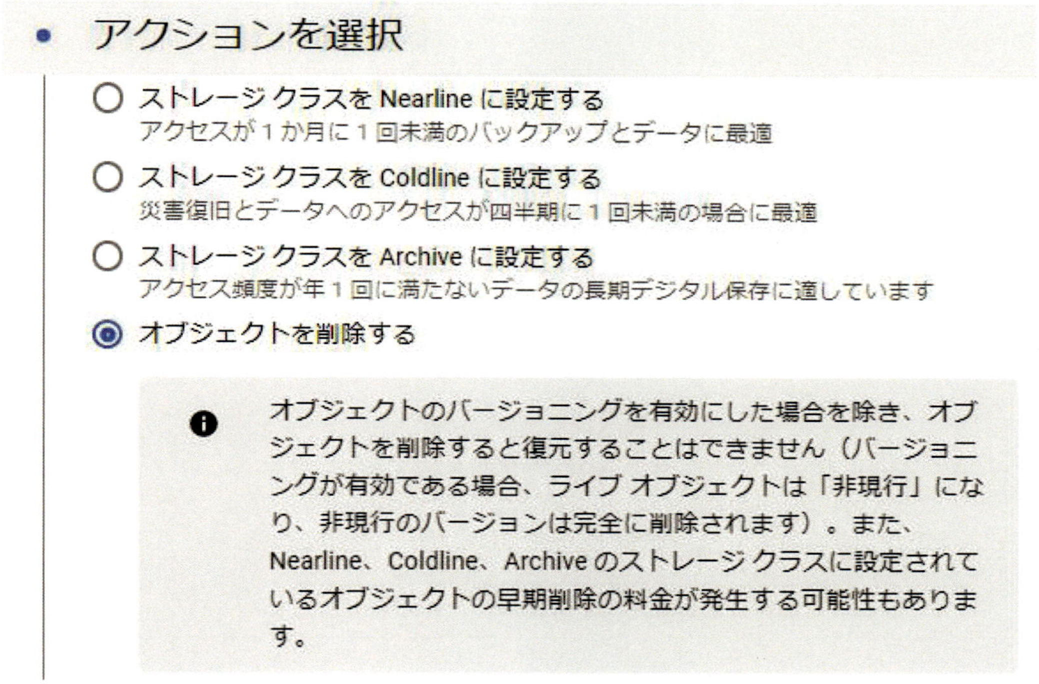

第16章　Google Cloud:ライフサイクル管理 | 159

図16.10: 世代管理数の上限設定（条件）

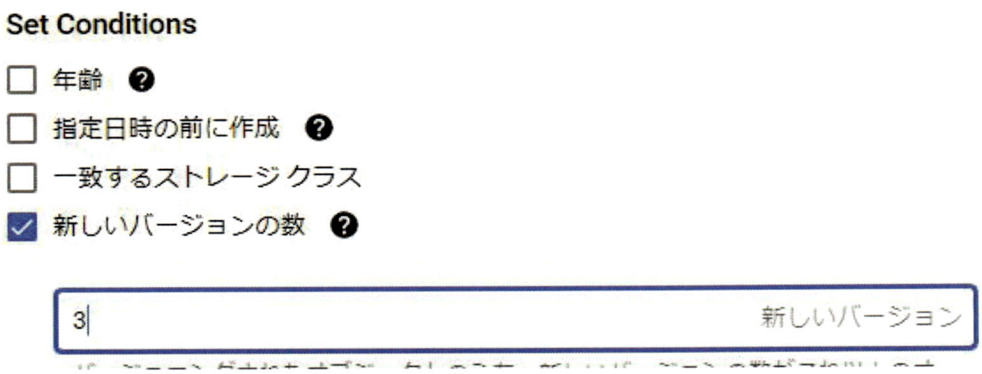

Set Conditions

☐ 年齢 ❓

☐ 指定日時の前に作成 ❓

☐ 一致するストレージクラス

☑ 新しいバージョンの数 ❓

```
3                                          新しいバージョン
```

16.3.2 CUIで設定する場合

CUIで設定する場合、以下のように設定ファイルを記述します。

```
{
  "lifecycle": {
    "rule": [
      {
        "action": {
          "type": "Delete"
        },
        "condition": {
          "numNewerVersions": 3
        }
      }
    ]
  }
}
```

あとがき

　最後までお付き合いいただきありがとうございました。しゅういちろです。いかがでしたでしょうか。今回はオブジェクトストレージサービスについて書かせていただきました。ほぼ確実に使われているが、あまり着目されないサービスです。

　本書を書き終え、改めてオブジェクトストレージサービスの機能を振り返りましたが、結構機能が豊富です。特に世代管理機能なんかは、今までバックアップ処理の中でファイル名などを工夫して別の機能として実装してた方も多いのではないでしょうか。

　また、各クラウドを比較してみることで、似たような機能ですが使い方に差があることに気づいた方も多いのではないかと思います。どのクラウドも個性があって面白いです。

　最後に謝辞です。

　本書の作成を手伝ってくれたサークル「味噌とんトロ定食」のメンバーにありがとう。商業誌へのお誘いをいただいた山城さんにありがとう。素敵な表紙を描いていただいた XXXXXXXX さんにありがとう。そして、最後までお読みいただいたあなたにありがとう。

　それでは、また。

著者紹介

高橋 秀一郎（たかはし しゅういちろう）

1981年長崎生まれ、神奈川育ち。大学卒業後SIerに所属、約16年間IT系の業務に従事する。メガバンクのシステム更改やDWH更改に携わり、現在は地域自治体の課題の発見・ITを活用した課題解決を行う。エッヂデバイスからクラウドを使用したサービスまで、一通りの実装が可能な技術をもとに、現実世界の情報を電子データ化する技術を磨く。Google Cloud Platform認定 Professional Cloud Architect

◎本書スタッフ
アートディレクター/装丁：岡田章志＋GY
編集協力：山部沙織
ディレクター：栗原 翔
〈表紙イラスト〉
べこ
屋号：べころもち工房。デザイナー。「暖かくて優しい、しなやかなコミュニケーションを」をモットーに活動している。ゆるキャラとダムが好き。2児の母。群馬県在住。
サイト：https://becolomochi.com
X：@becolomochi

技術の泉シリーズ・刊行によせて
技術者の知見のアウトプットである技術同人誌は、急速に認知度を高めています。インプレス NextPublishingは国内最大級の即売会「技術書典」（https://techbookfest.org/）で頒布された技術同人誌を底本とした商業書籍を2016年より刊行し、これらを中心とした『技術書典シリーズ』を展開してきました。2019年4月、より幅広い技術同人誌を対象とし、最新の知見を発信するために『技術の泉シリーズ』へリニューアルしました。今後は「技術書典」をはじめとした各種即売会や、勉強会・LT会などで頒布された技術同人誌を底本とした商業書籍を刊行し、技術同人誌の普及と発展に貢献することを目指します。エンジニアの"知の結晶"である技術同人誌の世界に、より多くの方が触れていただくきっかけになれば幸いです。

インプレス NextPublishing
技術の泉シリーズ 編集長 山城 敬

●お断り
掲載したURLは2024年5月1日現在のものです。サイトの都合で変更されることがあります。また、電子版ではURLにハイパーリンクを設定していますが、端末やビューアー、リンク先のファイルタイプによっては表示されないことがあります。あらかじめご了承ください。
●本書の内容についてのお問い合わせ先
株式会社インプレス
インプレス NextPublishing　メール窓口
np-info@impress.co.jp
お問い合わせの際は、書名、ISBN、お名前、お電話番号、メールアドレス に加えて、「該当するページ」と「具体的なご質問内容」「お使いの動作環境」を必ずご明記ください。なお、本書の範囲を超えるご質問にはお答えできないのでご了承ください。
電話やFAXでのご質問には対応しておりません。また、封書でのお問い合わせは回答までに日数をいただく場合があります。あらかじめご了承ください。

●落丁・乱丁本はお手数ですが、インプレスカスタマーセンターまでお送りください。送料弊社負担にてお取り替えさせていただきます。但し、古書店で購入されたものについてはお取り替えできません。
■読者の窓口
インプレスカスタマーセンター
〒101-0051
東京都千代田区神田神保町一丁目105番地
info@impress.co.jp

技術の泉シリーズ
クラウドオブジェクトストレージサービスの使い方

2024年9月6日　初版発行Ver.1.0（PDF版）

著　者　　　高橋 秀一郎
編集人　　　山城 敬
企画・編集　合同会社技術の泉出版
発行人　　　髙橋 隆志
発　行　　　インプレス NextPublishing
　　　　　　〒101-0051
　　　　　　東京都千代田区神田神保町一丁目105番地
　　　　　　https://nextpublishing.jp/
販　売　　　株式会社インプレス
　　　　　　〒101-0051　東京都千代田区神田神保町一丁目105番地

●本書は著作権法上の保護を受けています。本書の一部あるいは全部について株式会社インプレスから文書による許諾を得ずに、いかなる方法においても無断で複写、複製することは禁じられています。

©2024 Shuichiro Takahashi. All rights reserved.
印刷・製本　京葉流通倉庫株式会社
Printed in Japan

ISBN978-4-295-60286-6

●インプレス NextPublishingは、株式会社インプレスR&Dが開発したデジタルファースト型の出版モデルを承継し、幅広い出版企画を電子書籍＋オンデマンドによりスピーディで持続可能な形で実現しています。https://nextpublishing.jp/